渭北大樱桃种植与气象

主　编：周晓丽
副主编：吴宁强　刘跃峰

内容简介

本书共分10章，主要内容有：一是系统地分析研究了铜川地区乃至渭北大樱桃的生长气象条件，确定了铜川地区大棚樱桃的适宜扣棚期；二是掌握了人工智能棚、日光温室和大田栽培樱桃的物候期差异，提出铜川市大樱桃高效生产的分期成熟上市时间；三是初探渭北大樱桃栽植区域的低温发生规律，探讨樱桃萌芽到开花期的低温风险，建立了基于气温的大樱桃开花期预测方法；四是分析了渭北地区干旱、连阴雨气象灾害的时空发生规律；五是分析大樱桃裂果、落花落果成因，初步提出大樱桃品质的气候评价指标，探讨气象灾害的防御机制及措施。

本书可供从事樱桃气象服务及其他农业气象科技工作者及樱桃的管理、生产部门参考。

图书在版编目(CIP)数据

渭北大樱桃种植与气象 / 周晓丽主编. -- 北京 ：气象出版社，2016.12

ISBN 978-7-5029-6484-9

Ⅰ.①渭… Ⅱ.①周… Ⅲ.①樱桃-农业气象-陕西 Ⅳ.①S662.504

中国版本图书馆CIP数据核字(2016)第289335号

渭北大樱桃种植与气象

出版发行：气象出版社
地　　址：北京市海淀区中关村南大街46号　　**邮政编码**：100081
电　　话：010-68407112(总编室)　010-68408042(发行部)
网　　址：http://www.qxcbs.com　　**E-mail**：qxcbs@cma.gov.cn
责任编辑：黄红丽　周　露　　**终　　审**：邵俊年
责任校对：王丽梅　　**责任技编**：赵相宁
封面设计：博雅思企划
印　　刷：北京中石油彩色印刷有限责任公司
开　　本：700 mm×1000 mm　1/16　　**印　　张**：11.125
字　　数：224千字　　**彩　　插**：2
版　　次：2016年12月第1版　　**印　　次**：2016年12月第1次印刷
定　　价：45.00元

编　委　会

主　编：周晓丽

副主编：吴宁强　刘跃峰

成　员：董亚龙　高社兵　童新民
田　静　苏　博　杨亚利
雷　涛　师静雅　戎泓兴

序

陕西省铜川市地处渭北旱塬，是关中平原向陕北黄土高原的过渡带，地势走向呈西北高、东南低，年平均气温 9.7～12.6 ℃，年降水量 555.8～709.3 mm，≥10 ℃的积温为 2814.6～4013.2 ℃·d，年日照时数 2345.7～2412.5 h，气温日较差较大，是大樱桃栽种的适宜区，也是渭北地区果业优势发展区域。

大樱桃的生长、果品的品质与天气气候条件密切相关。为系统性地研究大樱桃从开花到成熟的一系列生长期的气候指标，攻关大樱桃的设施栽培气象调控技术，铜川市气象局周晓丽等一批科研人员，历时五年多，开展了大量的大樱桃生长期气象条件观测试验研究。系统地分析了铜川地区大樱桃生长期的气象条件，通过试验研究和气象条件实时监测、樱桃生长发育状况的综合观测，统计估算了大樱桃休眠期需冷量，提出了铜川地区设施大樱桃的适宜扣棚期。对比了人工智能棚、日光温室棚和大田栽培大樱桃的物候期差异，分析了大樱桃开花期不同温度水平对其生长的影响，初步提出樱桃品质的气候评价指标。2012—2014 年，指导果农开展科学规范的大棚樱桃小气候调控技术，设施大樱桃生产成效显现，各企业或种植户连续三年获得了较好的经济效益。

编写《渭北大樱桃种植与气象》一书，将为全省樱桃生产中的气象灾害防御、合理布局以及优化大樱桃品质提供重要参考，对利用各地气候资源进行大樱桃栽培的气候区划布局以及防灾减灾、趋利避害服务等具有借鉴意义。衷心希望气象工作者在服务大樱桃生产的实践中继续加强研究，进一步提高大樱桃气象服务的技术水平，为陕西省大樱桃产业发展提供优质的气象服务。在此，谨代表陕西省气象局向付出辛勤劳动的专家和研究人员表示衷心感谢，并向本书的出版发行表示祝贺。

丁传群

2016 年 8 月

丁传群，陕西省气象局局长。

前　言

陕西铜川是全国大樱桃栽植主产区之一，关中平原到黄土高原过渡地区，年平均气温适宜，降水量充足，是渭北地区果业优势发展区域。陕西省栽植大樱桃面积约 36 万亩，产量约 8 万吨，主要分布在关中—渭北地区。铜川市现有樱桃 3 万亩，挂果 1.4 万亩，产量 1.2 万吨。每年 5 月中旬—6 月中旬成熟上市，全市外销樱桃约 6000 吨，成为果农增收的朝阳产业。

铜川中南部是陕西大樱桃的主栽区，年降水量 543～594 mm，年平均气温 10.8～12.6 ℃，最热月平均气温 23.2～25.2 ℃，年极端最低气温－14～－10 ℃，年极端最高气温 36～38 ℃，春季(3—5 月)降水量在 110～130 mm，属于樱桃栽培的适宜气候区。

目前，铜川市建成陕西品质最优的甜樱桃基地，注册为中国樱桃地理标志商标，樱桃产业发展成为铜川地区城市经济转型中的新型农业支柱产业。2011 年开始铜川市进行大棚樱桃栽培，但是缺乏规范化的小气候调控技术措施，经济效益差。2012—2014 年，铜川市气象局周晓丽等一批科研人员，历时三年多，系统地开展了大樱桃气象条件研究，边研究边应用，统计估算了樱桃休眠期需冷量，确定了铜川地区设施樱桃的扣棚升温期，对比了不同气候区、不同天气下的大棚温室效应，人工智能棚、日光温室和大田栽培樱桃的物候期差异，初步提出樱桃品质的气候评价指标。本书内容为作者近年来的研究结果。

全书共分 10 章：第 1 章简要概述了陕西省的大樱桃种植情况，种植地区樱桃生长期的气温、降水、光照等气候资源分布；第 2 章介绍了大樱桃休眠、萌芽到开花等一系列生长过程的气象条件；第 3 章介绍了大樱桃休眠期的需冷量，以及大棚樱桃适宜扣棚期的确定方法；第 4 章介绍了陕西渭北地区大樱桃栽植区域的低温发生规律，对大樱桃萌芽到开花期的低温风险进行分析，并建立了基于气温的开花期预测方法；第 5 章介绍了大棚栽培樱桃中，需要考虑的气象因素，以铜川大棚樱桃栽培为例，介绍了不同天气条件下大棚温、湿度的变化规律，大棚内高、低温的预警以及调控；第 6 章介绍了铜川地区不同的栽培方式下，小气候对大樱桃生长节律的影响；第 7 章介绍了大樱桃果实性状及品质的研究现状，分析了铜川地区樱桃裂果、落花落果的气象条件，提出了影响品质的气候指标；第 8 章介绍了关中—渭北地区干旱的时空分布特点，铜川地区连阴雨的发生规律，国内主要的干旱的监测计算方法，并对铜川地区干旱进行了风险识别；第 9 章介绍了国内大棚小气候监测系统的研发现状，铜川市大棚樱桃园温湿度小气候监测报警系统和需冷量查询系统的设计架构；第 10 章介绍了铜川市直通式气象服务以及灾害预报预警的防御机制。

本书的具体编写工作主要由周晓丽完成，吴宁强系统地提出了本书的大纲以及技术路线设计，刘跃峰对该书进行系统的把关审核。课题组人员主要进行试验观测和数据的收集整理。

在撰写本书过程中，中国气象局国家气候中心正研级高级工程师高歌、兰州大学副教授尚可政等专家对书稿进行审读并提出修改意见；陕西省经济作物气象服务台台长王景红给予了悉心指导；在大棚樱桃气象条件监测试验研究中，得到了耀州区气象局贾乾生、铜川市果业局和青山、魏旭等果业专家的帮助；气象出版社编辑黄红丽和周露为本书的编辑出版付出了辛勤的劳动，在此一并表示感谢。

由于编著者水平有限，书中难免存在不当之处，敬请读者批评指正。

作者

2016 年 7 月

目　　录

第1章 陕西省大樱桃生长区气候概况

陕西是全国樱桃栽植主产区之一，陕西大樱桃栽植最早在20世纪80年代，90年代后期大面积引种栽培，主要集中在关中平原到陕北黄土高原的过渡地带，是渭北地区果业发展优势区域，包括西安灞桥区、长安区、蓝田县、周至县、户县，杨凌区，咸阳三原县，铜川新区、耀州区、印台区，宝鸡的陈仓区、渭滨区、眉县，渭南大荔、华阴等地。关中到黄土高原过渡地区，年平均气温适宜，降水量充足，是樱桃栽培的适宜区，尤其是铜川地区，建成陕西品质最优的甜樱桃基地，被授予中国优质甜樱桃之都，被注册为中国地理标志证明商标，樱桃产业发展成为铜川地区城市经济转型中的现代新型农业支柱产业。

1.1 大樱桃生产概况

1.1.1 中国樱桃生产情况

大樱桃也叫甜樱桃，属于蔷薇科，李属，落叶乔木或灌木丛生。我国栽培的樱桃可分为四大类，即中国樱桃、甜樱桃、酸樱桃和毛樱桃，以中国樱桃和甜樱桃为主要栽培对象。

中国樱桃在我国分布很广，主要生长在北纬30°～45°的温暖、冷凉地带。北起辽宁、南至云南、贵州、四川，西至甘肃、新疆均有种植，但以江苏、浙江、山东、北京、河北为多。东北、西北寒冷地区种植多为毛樱桃。中国樱桃约有五十多个品种，主要优良品种有浙江诸暨的“短柄樱桃”、山东龙口的“黄玉樱桃”、安徽太和的“金红樱桃”、江苏南京的“垂丝樱桃”、四川的“汉源樱桃”等。

辽宁、烟台等地引进的欧洲大樱桃果形大而味甜，但历史比较短，只有一百多年栽植历史。大樱桃树在一年当中，经过萌芽、开花、坐果、落叶、休眠等过程，周而复始，每年成为一个年轮，寿命为五十到七十年，高者可达百年以上。每年二月中旬，樱桃花与叶几乎同时萌发。开花后十余天坐果，幼小的果实便挂满枝头。若天气条件适宜，温度、湿度、光照资源好，果实生长较快，在30天左右就可成熟上市。

大樱桃树的适应性极强，几乎各种土壤都能生长，而且管理技术简便、生长快、收益早。但是，大樱桃的结果率和品质与小气候关系十分紧密。如果栽植地气候不适宜，虽然樱桃树成活没有问题，但有可能终身不挂果。低温、连阴雨等自然灾害对樱桃生长十分不利。樱桃萌芽到开花期，如果遇到低温天气，容易造成花芽受冻，不易坐果，成熟期，遇到连阴雨，如不能及时采摘，易造成裂果，若遇上较大的风雨，大部分将成落果。同时，樱桃成熟的时候，也有鸟雀云集吞食樱桃，若不及时驱赶和摘收，也会造成损失。

大樱桃对气候以及采摘的要求高，我国大樱桃的栽培规模一直不够大，在世界上排名第 55 位，大樱桃年产量仅 8000 吨。虽然逐年都有增加，但每年仍有超过 4 万吨的樱桃需从美国和智利等地进口，满足中国消费市场的需求（张洪胜等，2012）。从消费角度看，中国内地的樱桃生产的空间仍然很大，目前的生产规模远远不能满足国内市场的消费需求。

目前世界上有 20 多个国家栽培大樱桃，国外樱桃栽培面积约占世界栽培总面积的 60％以上。2012 年，我国樱桃总面积 200 万亩*，挂果面积 100 万亩，产量 60 万吨，产值逾 150 亿元。其中大樱桃设施栽培面积仅 5 万亩，据有关专家预测，我国大樱桃将来基本达到供需平衡大约需要栽植 400 万亩，产量 200 万吨，缺口 200 万亩和 140 万吨。

1.1.2　陕西省大樱桃生产概况

大樱桃在我国水果中是效益较好的一种时令水果，被誉为“春果第一枝”。陕西大樱桃栽植最早在 20 世纪 80 年代，90 年代后期大面积引种栽培，主要集中在关中地区。目前，集中栽培区域有西安灞桥区、长安区、蓝田县、周至县、户县，杨凌区，咸阳三原县，铜川新区、耀州区、印台区，宝鸡的陈仓区、渭滨区、眉县，渭南大荔、华阴等地，总面积接近 0.46 万 hm^2，其中挂果面积约 0.13 万 hm^2，占全省果树总面积的 0.4％（李俊玲，2005；韩礼星等，2008）。

陕西省有发展大樱桃的广阔空间，经过专家 20 多年来对大樱桃的研究，陕南、关中、渭北南部等各项指标达到了国际优质樱桃指标，有的指标甚至超过了国际标准。陕南樱桃比关中早熟 7 d 左右，效益好。关中、渭北南部等地属樱桃栽培的优生区，品质好，但成熟较陕南晚。

陕西省关中地区气候适宜，有着发展大樱桃的气候优势，属我国大樱桃发展规划中陇海铁路沿线的适宜栽植区（吕平会等，2007），成熟时间比山东烟台、辽宁等地提前 7～15 d，具有很大的市场销售空间和较强的市场竞争力。从气候角度看，陕西关中地区的渭南、西安、咸阳、宝鸡、铜川等辖区的

---

* 1 亩＝1/15 公顷。

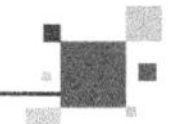

30 多个县(市、区)均是大樱桃优生区。这些地区大多地势平坦,靠近大中城市,交通便利,灌溉条件好,土壤适宜于大樱桃栽培。经过近 20 年的引种试验,目前已解决了大樱桃苗木繁育、无公害栽植、整形修剪等关键性的技术难题,并在铜川、西安、大荔、宝鸡等地建立起一批丰产示范园。初具规模的樱桃栽培基地有铜川周陵现代农业示范园区,铜川市省级经济开发新区、陕西农垦集团大荔农场、华阴农场、宝鸡市陈仓区坪头镇码头村的大樱桃园等,形成了规模化管理的示范园区,经济效益高,销售形势好,对当地的产业结构调整起到了积极的推动作用。尤其是铜川地区,建成陕西品质最优的甜樱桃基地,被授予中国优质甜樱桃之都,被注册为中国地理标志证明商标,发展成为铜川地区城市经济转型中的现代新型农业支柱产业。

陕西省栽植的大樱桃品种繁多,早中晚熟品种约有 30 多个,早熟品种有秦樱一号,美早、早大果、龙冠、红灯等,中熟品种有先锋、斯坦拉、雷尼等,晚熟品种有艳阳、吉美、吉莫斯、拉宾斯、萨米脱、布鲁克斯、红鲁比等。关中地区大樱桃每年集中在 5 月上中旬成熟上市,每亩平均产量约 300 kg,每公斤销售价格在 30～60 元,与山东烟台(每亩平均产量约 400 kg)及世界平均产量最高(每亩产量 1000 kg)的斯洛伐克相比仍有较大差距,说明陕西大樱桃的效益提高还有较大的空间(白亚宁等,2009)。

大樱桃是朝阳产业,是整个北方落叶果树中成熟最早的果品,有着较好的销售市场,多年来售价一直稳中有升。但由于种植面积小,缺乏主栽品种,建园品种杂乱,管理技术落后,树体不规范,生产中苗木的选择、栽培时缺乏统一规划,栽植分散等导致产量低、挂果少、裂果等一系列问题,严重制约樱桃生产及经济效益的提高,有的果园栽植 6～8 个品种,成熟时间不统一,生长习性各异,给管理和经营带来极大困难。因此,樱桃栽植最关键的就是集约化经营,规范化管理。可积极推进大樱桃观光园建设,形成观光旅游一体化的销售模式,美化居住环境的同时,还可吸引大批城市居民观光采摘,增加经济收入。

1.2　陕西省大樱桃分布区概况

1.2.1　地理概况

陕西省地处中国西北地区东部的黄河中游,位于东经 105°29′～111°15′,北纬 31°42′～39°35′之间,属内陆省份。东隔黄河与山西省相望,东南与河南、湖北省接壤,南临四川省与重庆市,西接甘肃省,西北毗连宁夏回族自治区,北界内蒙古自治区。地域南北长、东西窄,南北长约 870 km,东西宽约 200～500 km,土地总面积 20.56 万平方千米,占全国土地面积的 2.1%。

境内山原起伏,地形复杂。基本特征是:南北高,中间低,有山地、平原、高原、盆地和峡谷等多种地形。同时,地势由西向东倾斜的特点也很明显。北以“北山”(凤翔、铜川、韩城一线以灰岩为主的石质山地的统称)南以秦岭为界,把陕西分为三大自然区域:北部是陕北黄土高原,中部是关中平原,号称“八百里秦川”,南部是秦巴山地。

大樱桃栽植区主要分布在陕西地区关中平原向黄土高原过渡区,海拔在 325～800 m,位于北纬 33.93°—36.5°,东经 106.51°—110.43°。根据地理位置和地形可分为“渭北塬区(渭北)”和“渭河以南沿山地区(渭河以南)”。渭北塬区指铜川市所辖的县、区和宝鸡、咸阳、渭南 3 市北部海拔在 500 m 以上塬区的市县,主要包括铜川新区、耀州区、王益区、印台区、陇县、千阳、凤翔、岐山、麟游、扶风、长武、彬县、旬邑、永寿、淳化、乾县、礼泉、白水、澄城、合阳、韩城,渭河以南沿山地区指宝鸡、西安、渭南 3 市渭河以南沿秦岭北麓的市县,主要包括眉县、周至、户县、长安、蓝田、临潼、渭南、华县、华阴、潼关(崔玲英等,1992)。

陕西大樱桃栽植区西起宝鸡,东至潼关,南倚秦岭,北界“北山”,介于陕北高原与秦岭山地之间。平均海拔 520 m,东西长约 360 km,西窄东宽,总面积 39064.5 平方 km,约占全省总面积的 19%。关中盆地是由河流冲积和黄土堆积形成的,地势平坦,土质肥沃,水源丰富,机耕、灌溉条件都很好,是陕西自然条件最好的地区,号称“八百里秦川”。基本地貌类型是河流阶地和黄土台塬。渭河横贯盆地入黄河,河槽地势低平,海拔 326～600 m。从渭河河槽向南、北南侧,地势呈不对称性阶梯状增高,由一二级河流冲积阶地过渡到高出渭河 200～500 m 的一级或二级黄土台塬。阶地在北岸呈连续状分布,南岸则残缺不全。渭河各主要支流,也有相应的多级阶地。宽广的阶地平原是关中最肥沃的地带。渭河北岸二级阶地与陕北高原之间,分布着东西延伸的渭北黄土台塬,塬面广阔,一般海拔 460～800 m,是关中主要的产粮区。渭河南侧的黄土台塬断续分布,高出渭河约 250～400 m,呈阶梯状或倾斜的盾状,由秦岭北麓向渭河平原缓倾,如岐山的五丈原,西安以南的神禾原、少陵原、白鹿原,渭南的阳郭原,华县的高塬原,华阴的盂原等,目前已发展成林、园为主的综合农业地带。

目前大樱桃栽培地区主要是沿着年平均气温等值线,见图 1.1,以 9 ℃为界,主要在年平均气温大于等于 9 ℃,而小于 12 ℃的地区栽植。

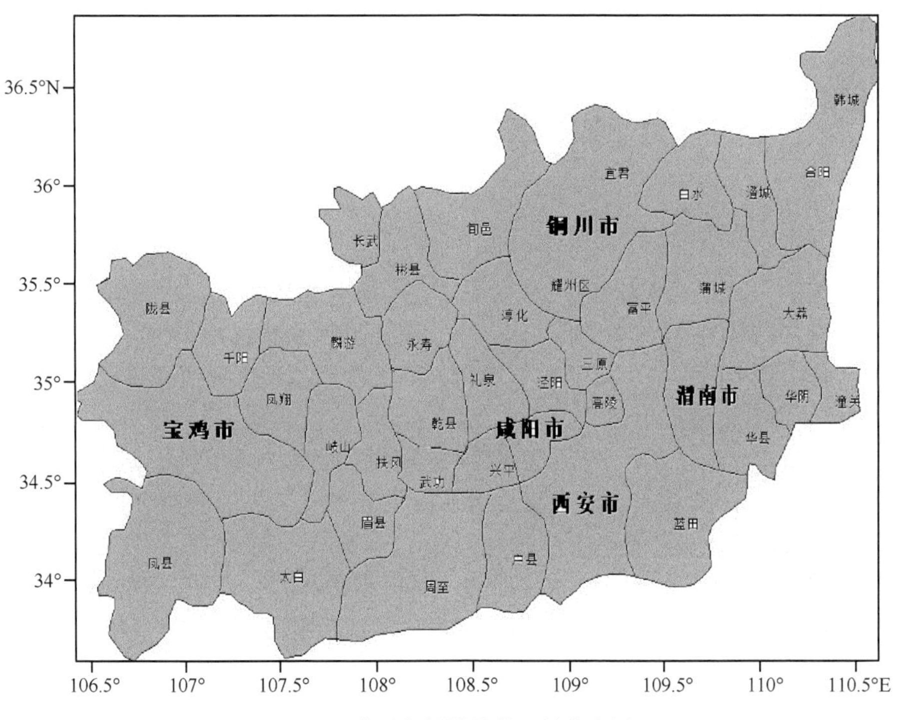

图 1.1　陕西省樱桃栽植区域分布图

1.2.2　气候特点

关中—渭北地区属于暖温带气候，南界秦岭，北邻北山。春季下垫面快速受热，气温回升快而不稳，冷暖气团频繁交绥，天气阴晴不定，多风，降水少，倒春寒多发。夏季受西太平副热带高压和印度低压影响，炎热多雨，降水集中在 7～9 月，多雷阵雨、暴雨，渭北多冰雹、阵性大风天气，间有“伏旱”。秋凉湿润，秋季气温下降快，多阴雨天气。冬季受蒙古冷高压控制，寒冷干燥，气温低，雨雪少。具有明显的大陆性季风气候特点。

区域内气候温和，降水较多，日照充足。年平均气温 6.5～14.7 ℃，最冷月平均气温 －3.4～2.2 ℃，最热月平均气温 23～27 ℃，≥10 ℃的积温为 3900～4700 ℃ · d。年平均降雨量 550～750 mm。年日照时数 1614～2511 h，除了宝鸡渭南等高山地区年平均气温在 7 ℃以下，其余地区均在 9 ℃以上，基本满足樱桃生长的气候指标。

1.3 热量资源

1.3.1 年平均气温

关中—渭北地区温度的分布(图 1.2),基本上是由南向北、自东向西逐渐降低,各地年平均气温 6.5～14.7 ℃,渭北塬区及黄河沿岸 10～12 ℃,太白和华山等高山区气温偏低在 6.5～8 ℃,关中平原地区及河谷丘陵区 12～14 ℃。咸阳北部长武、旬邑,宜君、渭南白水、韩城北部山区,宝鸡麟游等黄土高原以南 6 个区县,年平均气温在 9～10 ℃,白水、陇县、千阳、凤翔、凤县、彬县、永寿、淳化、铜川等 9 个区县年平均气温 10～12 ℃,合阳、澄城、岐山、扶风、眉县、耀州区等 6 区县年平均气温 12～13 ℃,蒲城、韩城、大荔、富平、华县、潼关、华阴、陈仓区、岐山、礼泉、泾阳、武功、乾县、兴平、三原、咸阳、周至、高陵、临潼、蓝田、泾河、户县等 20 多个区县年平均气温 13～14 ℃。

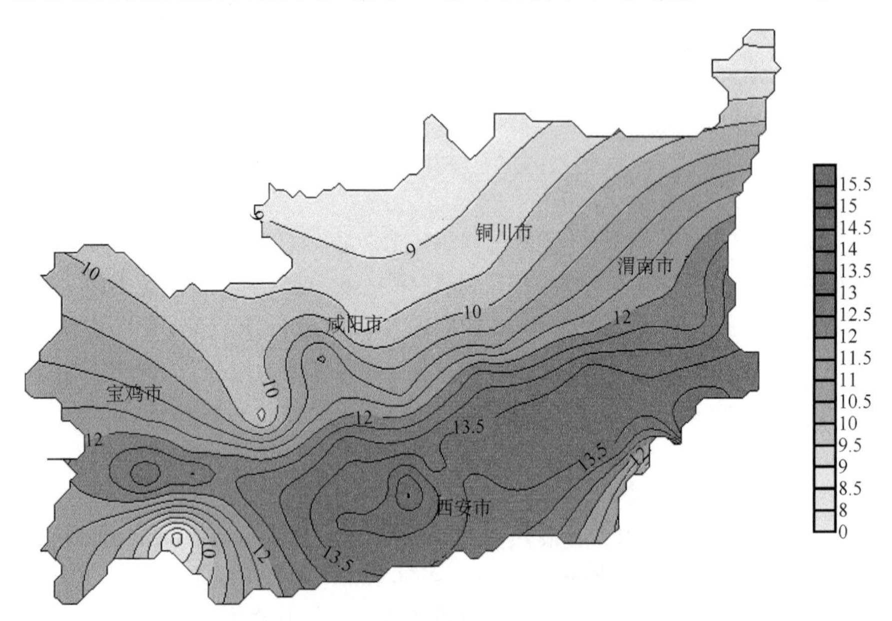

图 1.2 关中地区年平均气温分布(单位:℃)(附彩图 1.2)

1.3.2 月及春季平均气温

区域内樱桃生长期,春季平均气温 6.6～16.3 ℃(图 1.3),渭北南部地

区白水、澄城、合阳、淳化、旬邑等地气温在10.2～13.5℃，渭北东部韩城、大荔、富平等地气温在14.1～14.9℃，关中平原地区气温在14.3～16.3℃，太白、华山等高山地区气温在6.6～8.8℃。渭北东部和关中平原南部为气温的高值区，渭北南部旱塬地区及渭北西部为低温区。

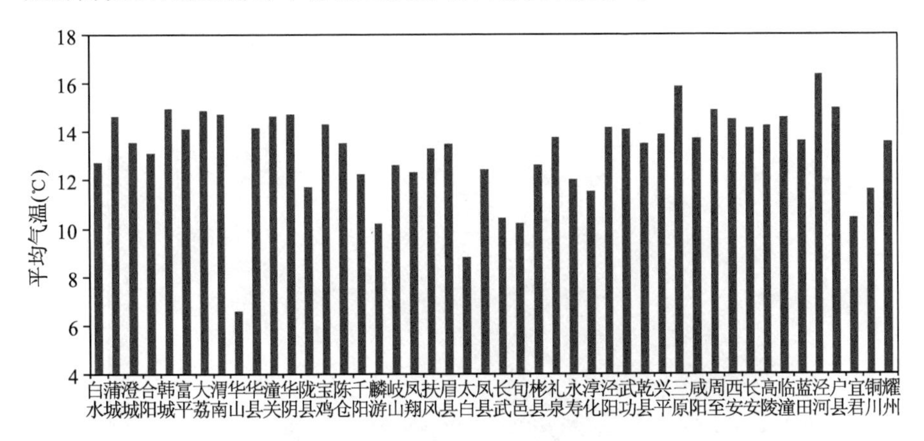

图1.3　春季平均气温分布图(单位:℃)

该区域月平均气温分布不均(图1.4)，1月各地平均气温在－5.7～2.9℃，华山、太白气温低，在－5.7～－4.0℃，咸阳北部、宝鸡、铜川等渭北山区陇县、麟游、长武、旬邑、彬县、宜君等地气温在－4.3～－2.4℃，关中北部、渭北南部气温在－1.8～－0.8℃，渭北东部、关中平原地区气温在－0.5～0.5℃。

2月除华山、太白气温偏低，在－3.7～－1.4℃外，咸阳北部、宝鸡、铜川等渭北山区陇县、麟游、长武、旬邑、彬县、宜君等地气温在－1.4～－1.0，关中北部、渭北南部气温在0.5～1.9℃，渭北东部、关中平原地区气温在2.4～3.8℃。

3月，咸阳北部、宝鸡、铜川等渭北山区陇县、麟游、长武、旬邑、彬县、宜君等地气温在4.2～6.5℃，关中北部、渭北南部气温在6.5～8.0℃，渭北东部、关中平原地区气温在8～11.5℃。

4月咸阳北部、宝鸡、铜川等渭北山区陇县、麟游、长武、旬邑、彬县、宜君等地气温在10.8～12.7℃，关中北部、渭北南部气温在13.3～14.0℃，渭北东部、关中平原地区气温在14.1～16.1℃。

5月咸阳北部、宝鸡、铜川等渭北山区陇县、麟游、长武、旬邑、彬县、宜君等地气温在15.6～16.0℃，关中北部、渭北南部气温在17.2～19.2℃，渭北东部、关中平原地区气温在19.2～20.4℃。

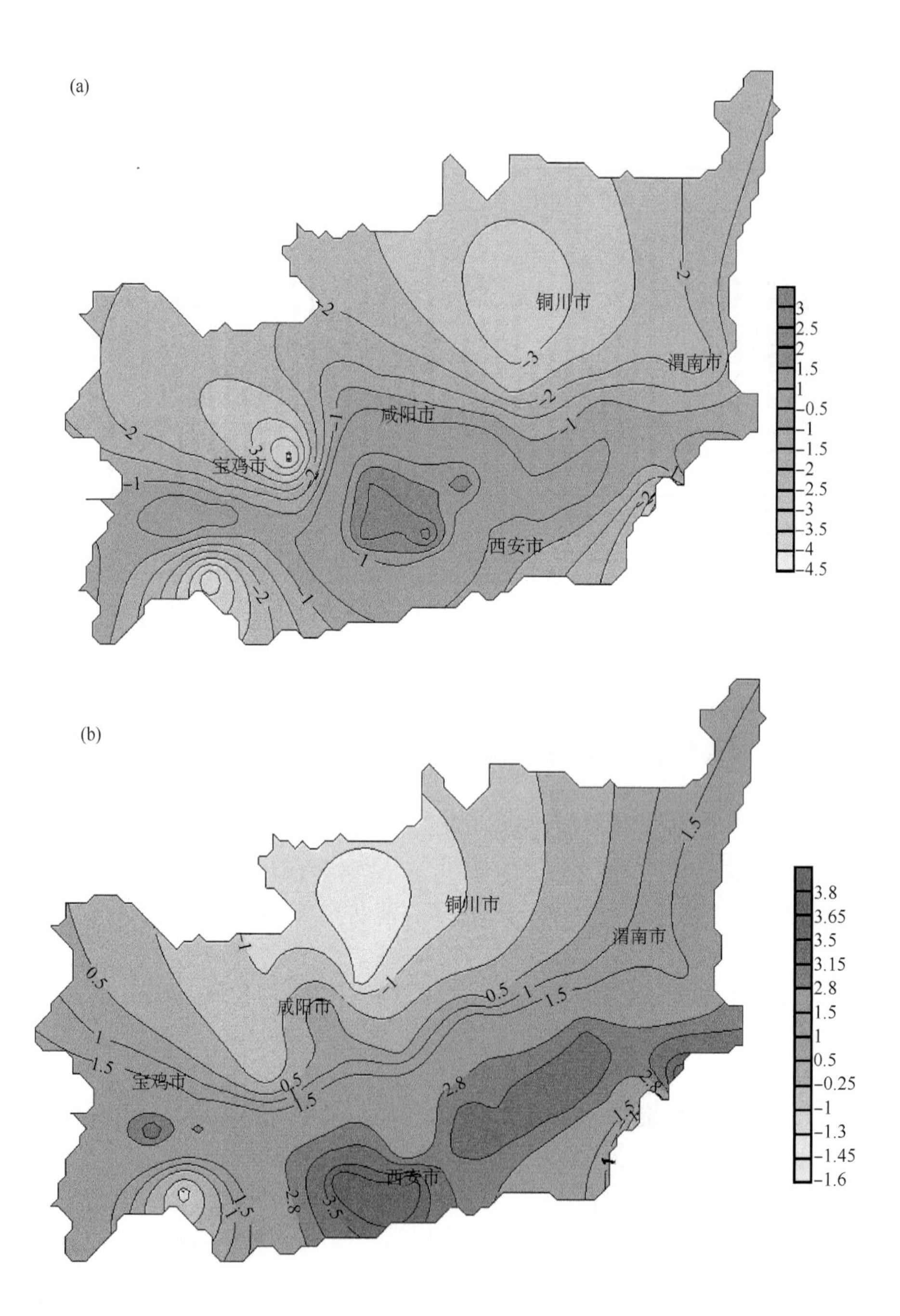

(a)
铜川市
渭南市
咸阳市
宝鸡市
西安市
3
2.5
2
1.5
1
−0.5
−1
−1.5
−2
−2.5
−3
−3.5
−4
−4.5
(b)
铜川市
渭南市
咸阳市
宝鸡市
西安市
3.8
3.65
3.5
3.15
2.8
1.5
1
0.5
−0.25
−1
−1.3
−1.45
−1.6

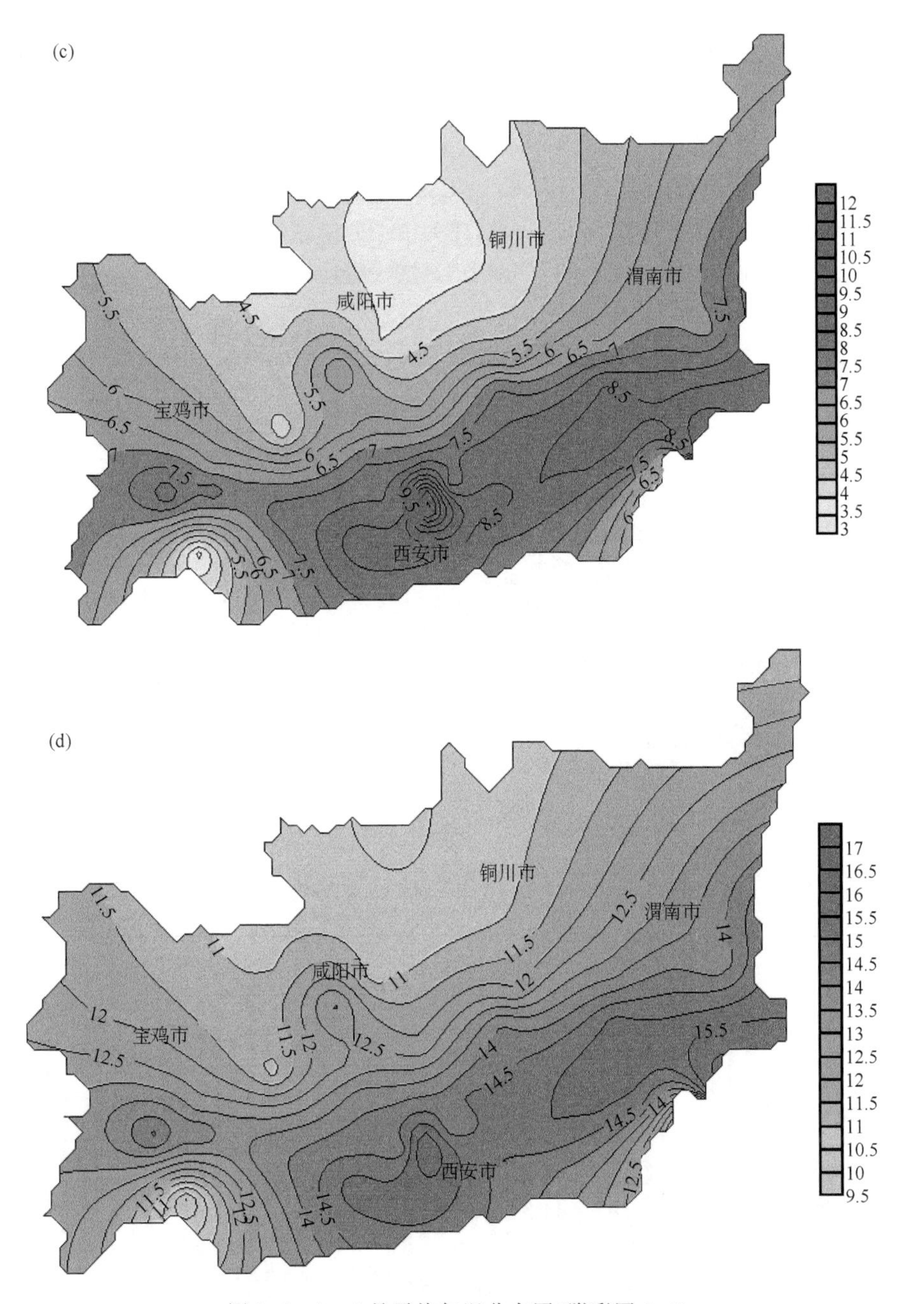

图 1.4　1—4 月平均气温分布图(附彩图 1.4)

(a)1 月;(b)2 月;(c)3 月;(d)4 月

1.3.3 积温

关中平原是陕西省热量资源最好的地方，渭北地区及高山地区积温少。春季区域内≥0 ℃的积温在关中中、东部是一个积温中心，最高积温 1502.9 ℃·d，在西安市略偏北的地区，见图 1.5。各月积温分布不均，3 月积温为 124.0～368.9 ℃·d，4 月积温为 324.0～483.0 ℃·d，5 月积温为 483.6～651.0 ℃·d。分月积温的空间分布与春季基本一致，在关中平原中东部有一个高值中心，依次向北、向西递减。南北、东西积温梯度为 159.0～244.9 ℃·d。

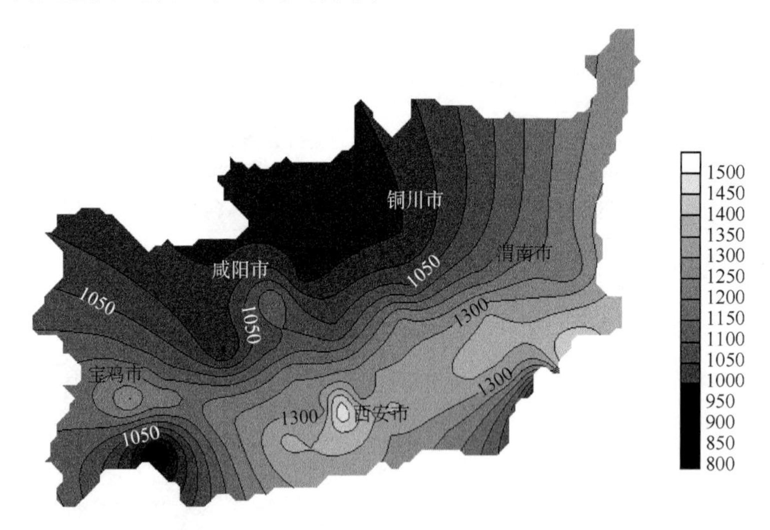

图 1.5　春季≥0 ℃积温分布（单位：℃·d）

春季（3—5 月）区域内≥0 ℃积温各地分布（图 1.6），基本上是由南向

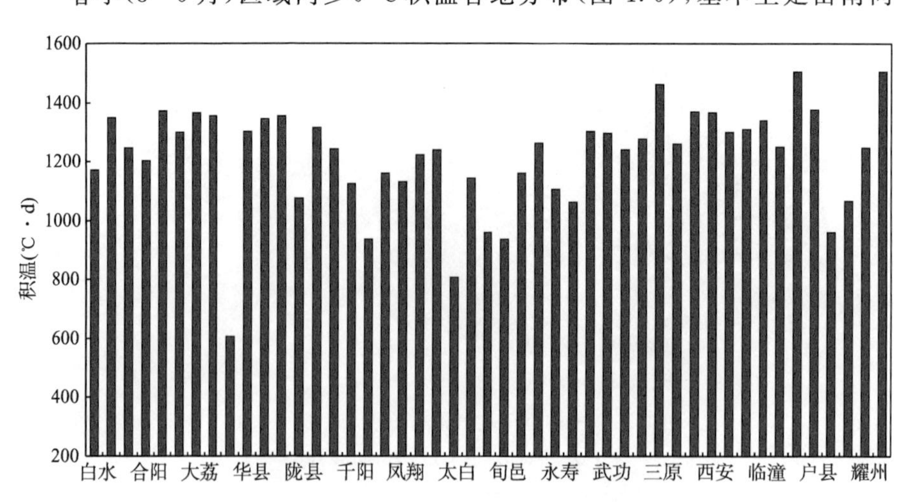

图 1.6　3—5 月≥0 ℃积温各地分布图

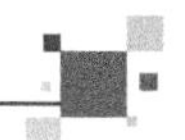

北、自东向西逐渐降低，区域积温 606.7～1502.9 ℃·d。华山等高山积温在606.7～809.0 ℃·d，咸阳北部、宝鸡、铜川等渭北山区陇县、麟游、长武、旬邑、彬县、宜君等地气温在 937.8～1161.7 ℃·d，关中北部、渭北南部气温在 1170.9～1244.7 ℃·d，渭北东部、关中平原地区气温在 1250.9～1502.9 ℃·d。

1.4 水分资源

选取陕西省国家基准站、基本站（25 个）有代表性的台站作为统计对象，包括：王益区（铜川）、耀州区、宝鸡、凤县、咸阳、长武、西安、周至、渭南、合阳等 20 个气象站，即铜川、宝鸡、咸阳、渭南、西安 5 个地市级气象观测站，每个地市内县级基本站（气候站）的 30 年（1981—2010 年）降水资料，分析了各站的年降水量空间分布、春季降水量在全年降水中的百分比、降水量的分布等。

1.4.1 年降水量空间分布

该区域年平均降水量为 587.0 mm，变化范围 497.6～775.8 mm（图 1.7），由于地形的作用，秦岭山脉附近的太白和华山、铜川北部、关中东南部为多雨区，渭南中部地区为少雨区。关中平原地区，地势相对平坦，降水变化缓慢，渭北黄土高原南沿地区，在铜川北部地区、关中东南部蓝田形成多雨区，其中宜君县年降水达到 676.8 mm，蓝田县年降水量 719.2 mm。关中

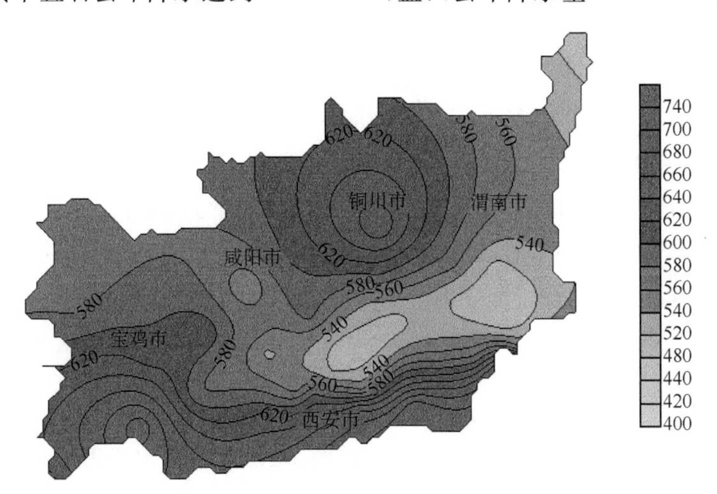

图 1.7 关中地区年平均降水量分布（单位：mm）（附彩图 1.7）

盆地中东部咸阳南部、渭南中部地区有一个少雨区，大荔县年降水最少497.6 mm。

1.4.2　春季降水时空分布

1.4.2.1　空间分布

根据最新30年各代表站3—5月降水量统计计算(图1.8)，得到春季多年平均年降水量分布，各地降水为95.1～146.8 mm，总体呈自东向西递增趋势，渭北东部偏少，澄城95.1 mm，渭南为118.5 mm，关中平原地区增多，蓝田146.8 mm，宝鸡为127.5 mm，黄土高原丘壑地区为110.0～120.0 mm；分布呈两高两低，蓝田和咸阳北部为高值区，宝鸡西北部和渭北东部为低值区。

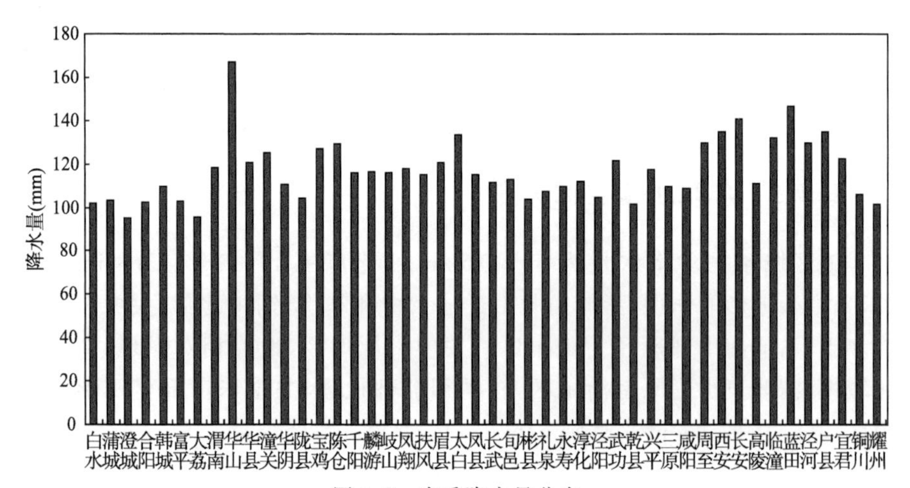

图1.8　春季降水量分布

1.4.2.2　时间分布

(1)月降水特征

统计分析3—5月降水分布，3月份各站降水量为14～36 mm，最大为华山36.3 mm，最小为凤县14.3 mm；4月除华山外，宝鸡最大41.7 mm，大于40 mm有临潼，蓝田，渭南，华县，小于30 mm有蒲城、合阳、韩城、大荔，其余在30～40 mm；5月各站降水量明显增加，5月在40～80 mm(图1.9)，大荔、澄城乾县、泾阳、耀州区在50 mm以下，其余均在50 mm以上。

(2)春季降水量占年降水量的比重

从区域各站春季降水量统计分析，见图1.10，春季降水量占年总降水量的17.9%～24.5%，从春季各站分月降水比重分布来看，基本都呈正态分布，见图1.11，3月小于25%，在19.1%～23.9%，4月增大，在26.7%～37.1%，平均为

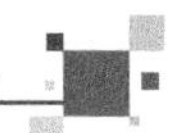

31.6%,5月为44.5%～54.8%。5月是春季雨水充沛的时段,也是樱桃成熟期。

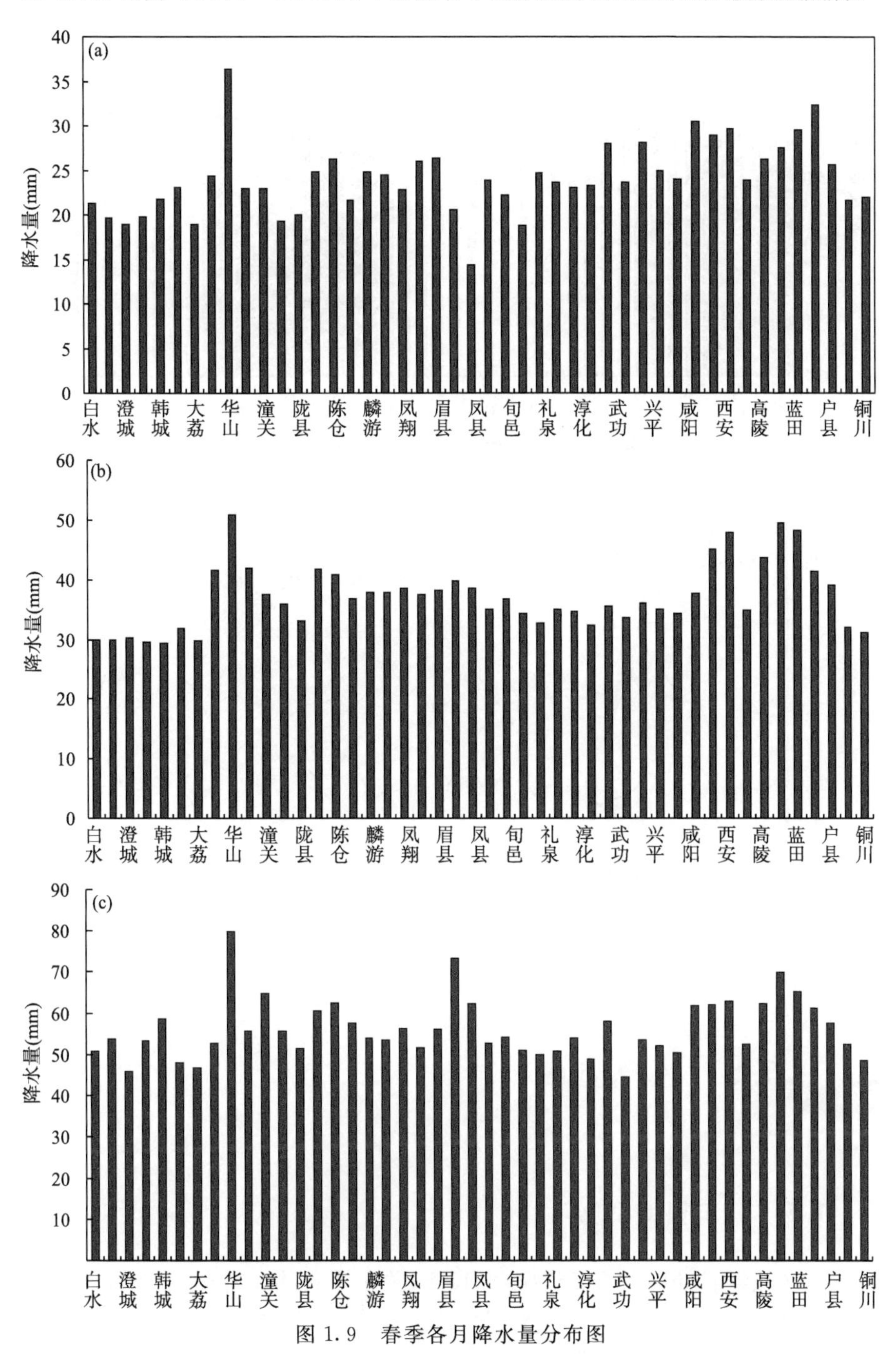

图1.9 春季各月降水量分布图

(a)3月降水量;(b)4月降水量;(c)5月降水量

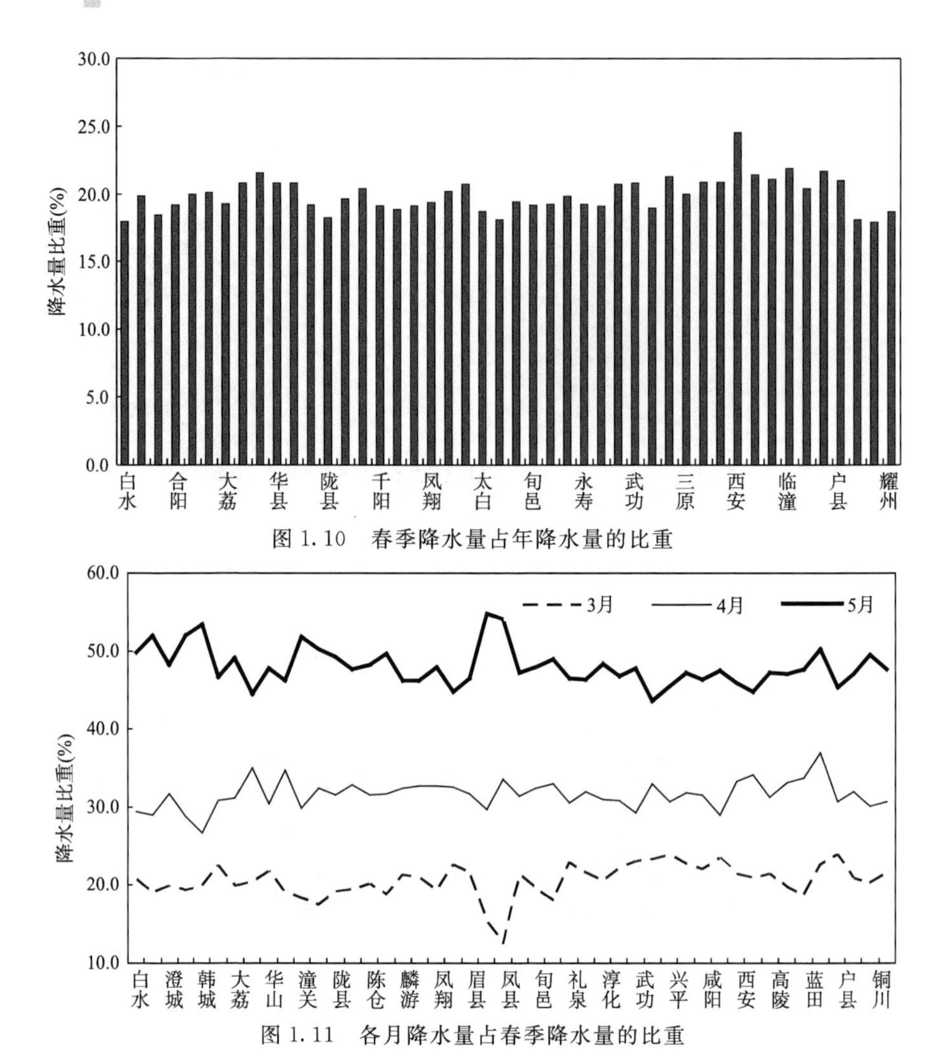

图 1.10　春季降水量占年降水量的比重

图 1.11　各月降水量占春季降水量的比重

1.5　光照资源

1.5.1　年日照时数

该区域年日照时数在 1614～2511 h，关中东部有一个高值区，澄城、合阳日照时数 2501.7 h、2474.5 h，铜川地区在高值区，各地在 2252～2389 h。关中西部宝鸡等地年日照时数为 1614～2269 h，西安地区年日照时数为 1724～2038 h，见图 1.12。

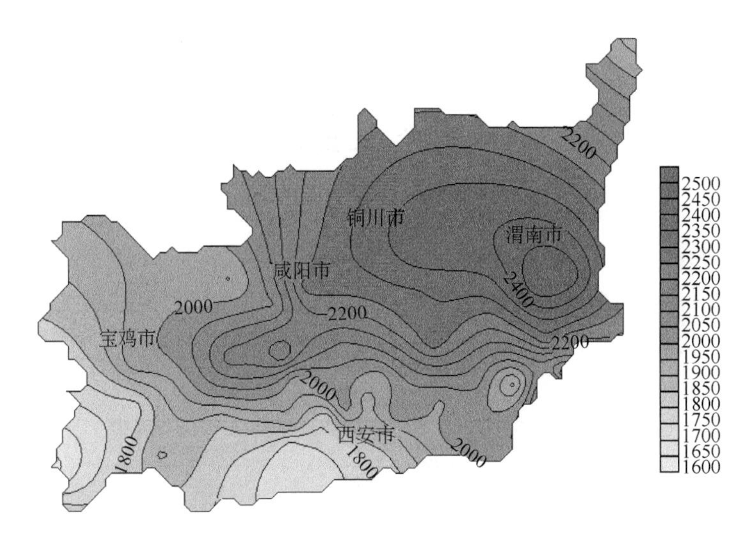

图 1.12 关中地区年日照时数分布(单位:h)(附彩图 1.12)

1.5.2 春季日照时数

区域春季日照时数在 448.6～683.8 h,关中东部有一个高值区,在澄城、合阳地区,日照时数 683.8 h,咸阳北部、铜川北部及渭南的北部为次高值区,其中宜君县为 652.2 h,其余地区 615～624.9 h。关中西部宝鸡等地年日照时数为 448.6～589.4 h,西安、咸阳南部地区春季日照时数为 500.3～568.9 h,见图 1.13。

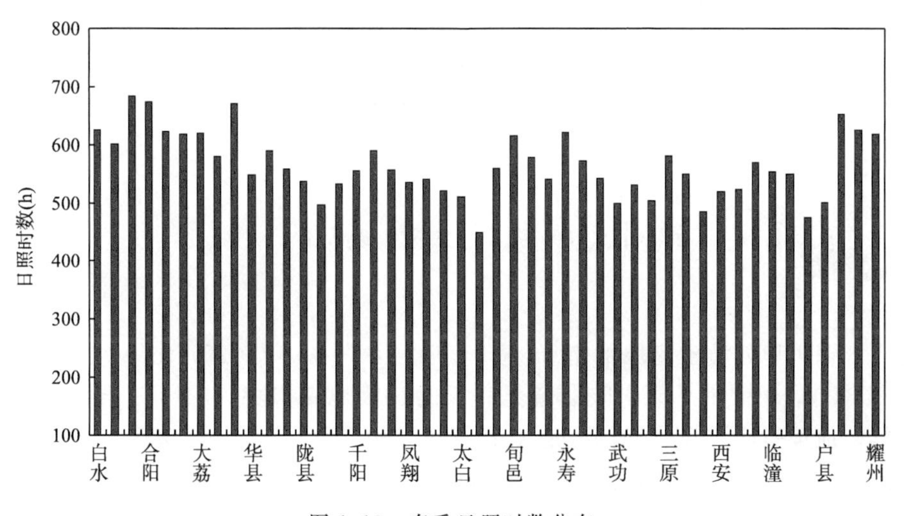

图 1.13 春季日照时数分布

1.6 大樱桃适宜生长区划

从气候特点看，关中五市比较适宜大樱桃生长，通过对比各地的年平均气温、降水量、日照时数等气候资源，发现大樱桃的适宜生长区主要在关中平原地区，关中北部部分山区不适宜，铜川地区的中南部为优生区，见表 1.1。

表 1.1 关中地区大樱桃种植适宜区

市	适生县(区)	优生县(区)	不适宜区
铜川	耀州区、王益区、印台区、宜君县	耀州区、王益区、印台区	宜君县
西安	蓝田县、周至县、户县、高陵、长安、临潼、灞桥区、未央区、新城区、碑林区、莲湖区、阎良区	蓝田县、周至县、户县、高陵、长安、临潼	
渭南	临渭区、韩城市、华阴市、华县、潼关县、大荔县、合阳县、澄城县、蒲城县、白水县、富平县	韩城市、潼关县、大荔县、合阳县、澄城县、蒲城县、白水县、富平县	韩城、合阳、白水以北山区
咸阳	秦都区、渭城区、兴平市、三原县、泾阳县、乾县、礼泉县、永寿县、彬县、长武县、旬邑县、淳化县、武功县	三原县、泾阳县、乾县、礼泉县、永寿县、彬县、长武县、旬邑县、淳化县、武功县	淳化北部、旬邑南部等山区
宝鸡	渭滨区、金台区、陈仓区、凤翔县、岐山县、扶风县、眉县、陇县、千阳县、麟游县、凤县、太白县	陈仓区、凤翔县、岐山县、扶风县、眉县、陇县、千阳县、凤县	宝鸡北部麟游西部、千阳东部等山区

1.7 铜川大樱桃及生长概况

铜川地处黄土高原的南缘，位于东经 108°34′—109°29′、北纬 34°50′—35°34′，处于关中平原向陕北黄土高原的过渡地带，地貌复杂，气候类型多样。地势呈西北高、东南低，是关中经济带的重要组成部分，该区域光、热、水、气、土等主要自然条件匹配合理，非常有利于苹果、樱桃、核桃、杏、桃等多种北方落叶果树生长，是农业部确定的黄土高原苹果优势产业带核心区域。

全市主要分四区一县，从北向南依次为宜君县(北部)、王益区、印台区、

耀州区、铜川市省级经济开发新区，海拔高，昼夜温差大，土层深厚，光照充足，雨量充沛，是渭北地区果业优势发展区域(王建萍等，2010)，是樱桃生长的最佳适宜生长区，铜川大樱桃含糖量高，富蛋白质、钙、磷、铁等多种维生素和营养物质，其中，铁的含量尤为突出。

2009 年，铜川大樱桃通过中国良好农业规范认证；2010 年，铜川被中国果品流通协会评为“中国优质甜樱桃之都”；2013 年，“铜川大樱桃”被国家工商行政管理总局核准注册为中国地理标志证明商标。大樱桃已成为铜川地区中南部农业的主导产业和农民收入的主要来源。

铜川市现有大樱桃 3 万亩，挂果 1.4 万亩，产量 1.2 万吨。各区县均有栽植，新区、周陵大樱桃栽植较为集中，新区陈坪村、赵家坡、坪新、野狐坡等地樱桃面积约 1.1 万亩，挂果面积 7000 余亩，印台周陵园区及周边地区 5000 多亩，总面积占全市的 37%，总产量占全市总产 80%。每年 5 月中旬—6 月中旬，当地大樱桃交易市场就要外销樱桃约 6000 吨，果农总收入约在 1.2 亿元。

铜川地区年平均气温为 10.9 ℃，地域间的气温差异较大，南部高于北部。北部宜君县年平均气温为 9.7 ℃，中部王益区年平均气温为 10.8 ℃，南部耀州区年平均气温为 12.6 ℃，气温分布呈自北向南依次增高的特征，而樱桃栽培的适宜年平均气温为 10～12 ℃，中部王益区、印台区和南部的耀州区比较适宜种植大田樱桃，而北部宜君县不适宜种植大田樱桃。

铜川各区县≥10 ℃的积温为 2814.6～4013.2 ℃・d。耀州区为最多积温区，中部王益区、印台区≥10 ℃积温比大樱桃适宜积温少 174 ℃・d，宜君县为最少积温区，宜君县积温比大樱桃适宜积温少 712.4 ℃・d。耀州区≥10 ℃积温条件适宜，中部王益区、印台区较适宜，北部宜君县热量资源不足，对大樱桃栽培生产不利。

目前，铜川中南部是大田樱桃的主栽区，年降水量 543～594 mm，年平均气温 10.8～12.6 ℃，最热月平均气温 23.2～25.2 ℃，年极端最低气温 −14～−10 ℃，年极端最高气温 36～38 ℃，春季(3—5 月)全季降水量在 110～130 mm，与大樱桃的适宜气象指标对比，属于大樱桃栽培的适宜气候区。

中南部大田樱桃发育期为：萌芽期 3 月中下旬，开花期 4 月 1—15 日，幼果期 4 月中下旬，膨大成熟期 5 月 1—15 日。中部比南部发育期推迟约10～15 d。

第2章 大樱桃生长发育与气象条件的关系

大樱桃被誉为“春果第一枝”，在立夏以前结果，对温度等环境和生态条件均有一定的要求。不同地区、不同地点的气候条件对樱桃的生长间接或直接产生不同的影响，包括萌芽期的早晚、花期的长短、果实生长的快慢以及整个成熟期的早晚都有较大影响。樱桃在一年的生长周期中，从花芽萌动开始，经过开花、萌叶、展叶、抽梢、果实发育、花芽分化、落叶、休眠一系列的生长过程。了解这一生长发育规律，在设施栽培中可以采取相应的栽培管理措施，满足樱桃生长发育需要的气象等条件，达到优质、丰产、高效的目的。

2.1 生长发育周期

樱桃(学名:Cerasus pseudocerasus)，是李属类植物的统称，包括樱桃亚属、酸樱桃亚属、桂樱亚属等。乔木，高2～6 m，树皮灰白色。小枝灰褐色，嫩枝绿色，无毛或被疏柔毛。冬芽卵形，无毛。甜樱桃见果期较长，一般3～5年见果，5～8年丰产，大多数甜樱桃品种需异花授粉。

樱桃又名莺桃、含桃、牛桃、朱樱、麦樱、蜡樱、崖蜜等。叶卵形至卵状椭圆形，长7～12 cm，先端锐尖，基部圆形，缘有大小不等重锯齿，齿间有腺，叶面无毛或微有毛，背面疏生柔毛。花白色，径约1.5～2.5 cm，萼筒有毛；3～6朵簇生成总状花序。果近球形，径1～1.5 cm，红色。3月开花，先开花再长叶，果实5～6月成熟。

果实外表色泽鲜艳、晶莹美丽、红如玛瑙，黄如凝脂，果实富含糖、蛋白质、维生素及钙、铁、磷、钾等多种元素。

2.1.1 生命周期

樱桃生长发育周期分为生命周期和年发育周期。

大樱桃从定植到衰亡，一生中经历幼龄期、幼果期、盛果期、衰老期四个生命时期。

幼龄期:这一时期一般为4～5年，是指从苗木定植到开花结果这段时

间。这一生长期生长旺盛，加长加粗生长活跃，分枝较少，主要要培育健壮的树体，合理的树形，树体结构按照设计进行整形修剪。

幼果期：5～7 年可进入幼果期，是指从植株开始结果到大量结果前的一段时期。树冠、根系不断扩大，枝量、根量成倍增长，生长开始出现分化。养树和结果并重，促进树体营养生长向生殖生长转化，稳定树势，控制旺长，促进花芽形成，生产优质果实。当骨干枝全长的 2/3 开始挂果时，即进入盛果期。

盛果期：树冠和根系扩展达到最大，生长和结果趋于平衡，产量较高且较稳定。保持树体健康，培养持续结果的结果枝，生产优质果品是这个时期的栽培关键。

衰老期：大樱桃盛果期一般为 20 年左右，40 年生以后明显衰老。根系萎缩，冠内、冠下部枝条枯死。

2.1.2 发育周期

发育周期包括萌芽期、花芽膨大期、始花期、盛花期、落花期、坐果期、硬核期、果实着色期、果实成熟期、落叶期。

萌芽期：樱桃叶芽鳞片裂开，顶端露出叶尖；

花芽膨大期：全树有 25%左右的花芽开始膨大，鳞片错开；

始花期：全树有 25%左右的花开放；

盛花期：全树有 50%左右的花开放；

落花期：全树有 70%左右的花脱落；

坐果期：谢花开始，约 10 d 左右，果实接近玉米粒大小；

硬核期：果实几乎停止生长，果核开始木质化；

果实着色期：全树有 25%果实开始着色；

果实成熟期：全树有 50%果实开始成熟，风味、颜色表现出果实该品种固有的性状；

落叶期：全树有 50%叶片自然脱落。

2.1.3 大樱桃生长的气象条件

2.1.3.1 气温

大樱桃适于在年平均气温 10～12 ℃、年日照时间在 2600～2800 h、冬季均温－23～12 ℃的地区栽培。温度适宜时，能萌芽，开花顺利，光照条件好，树体健壮，果枝寿命长，花芽充实，花粉发芽力强，坐果率高，果实成熟早，品质好。

从萌芽到果实成熟所需的积温为446.0 ℃·d,樱桃果树根系开始生长的温度为6.0 ℃,地上部分开始生长的温度为6.4～9.5 ℃。

樱桃生长期,不同时段和不同器官遭受低温冻害的临界温度不同,休眠期忍受的低温为－20 ℃,现色花蕾忍受的临界低温为－1.7～5.5 ℃,开放的花朵忍受的临界低温为－1.1～2.8 ℃,幼果期忍受的临界低温为－1.1～2.8 ℃。

2.1.3.2 水分

大樱桃是一种喜水不耐涝的果树。大樱桃根系分布比较浅,主要分布在0～60 cm层,20～40 cm土层为根系密集层,因此抗旱能力差,因其叶片大,蒸腾作用强,需要的水分供应较多,大樱桃在年降水量600～800 mm的地区生长比较适宜。大棚栽培樱桃不受年降水量的限制,土壤水分含量为60%～70%时樱桃生长最适宜,如果土壤含水量下降到11%～12%时就会引起大量落果,下降到10%左右时地上部分就停止生长;下降到7%时,叶片发生萎蔫。

大樱桃的根系要求良好的通透气体条件,果园积水时,土壤的含氧量减少,就会引起根系窒息而引起烂根、流胶,甚至引起整树死亡。所以大樱桃园要建在排水良好的地方,园内要起垅栽种,以便随时排除园内的渍水。

2.1.3.3 光照

樱桃是喜光树种,尤其是甜樱桃,其次是酸樱桃和毛樱桃,中国樱桃比较耐荫。光照条件好时,树体健壮,果枝寿命长,花芽充实,坐果率高,果实成熟早,着色好,糖度高,酸味少。光照条件差时,树体易徒长,树冠内枝条衰弱,结果枝寿命短,结果部位外移,花芽发育不良,坐果率低,果实着色差,成熟晚,质量差。因此建园时要选择阳坡、半阳坡,栽植密度不宜过大,枝条要开张角度,保证树冠内部的光照条件,达到通风透光。

2.1.3.4 土壤

甜樱桃是适宜在土层深厚,土质疏松,透气性好,保水力较强的沙壤土或砾质壤土上栽培。在土质黏重的土壤中栽培时,根系分布浅,不抗旱,不耐涝也不抗风。樱桃树对盐渍化的程度反应很敏感,适宜的土壤pH值为5.6～7,因此盐碱地区不宜种植樱桃。

樱桃很容易患根癌病,土壤中有根癌病菌及线虫则容易传染根癌病。种植桃、李、杏的老果园,土壤中根癌病菌多,不宜栽植樱桃树,更不宜作为发展樱桃的苗圃。如果树苗有根癌病,将引起更严重的后果。

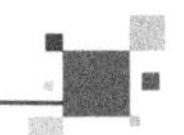

2.2 渭北塬区大樱桃生长期环境条件

2.2.1 休眠期最低气温

北方地区樱桃落叶期一般在初霜开始时，大约从 10 月中旬开始，落叶后进入休眠期，抵抗冬季的寒冷气候。据研究，当气温低于 7.2 ℃时，树体进入休眠，当低于 7.2 ℃的累积小时数达到 800～1000 h，自然解除休眠。陕西关中平原到渭北地区大樱桃休眠期一般从 10 月下旬开始到翌年 3 月上旬，持续约 5 个月，完成低温休眠期。樱桃休眠期，最低温度不能低于－20 ℃，过低的温度会引起大枝纵裂和流胶，所以在发展樱桃时，不宜在过分寒冷的地区。

陕西关中平原—渭北塬区樱桃优生区种植县冬季最低气温在－21.8～－8.8 ℃，随着海拔高度增加而降低，渭河以南的关中平原地区最低气温在－14.1～－8.8 ℃，渭北地区最低气温在－21.8～－14.9 ℃，铜川地区在低温区，见图 2.1。

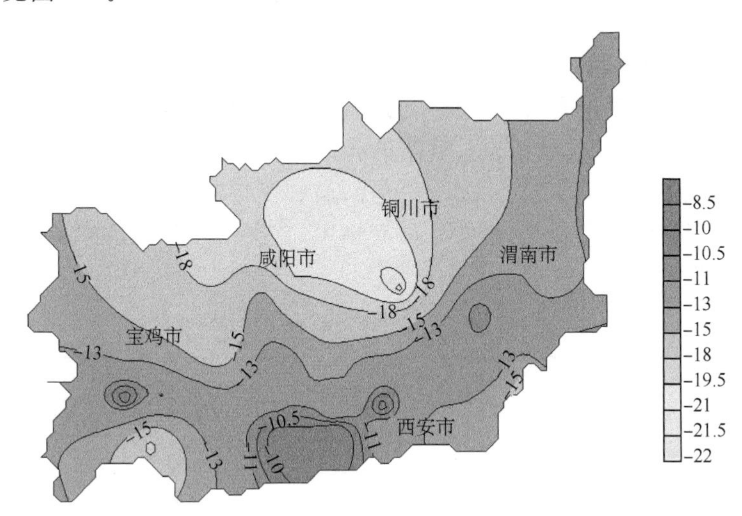

图 2.1 陕西关中平原—渭北塬区冬季最低气温分布图(单位:℃)(附彩图 2.1)

2.2.2 需冷量

樱桃顺利完成自然休眠(内休眠)，需要一定的低温积累，才能进入萌发期，正常萌芽开花结果，所需的低温时间和强度称为“需冷量”，根据日本佐藤昌宏的资料，甜樱桃结束自然休眠，需要7.2 ℃以下的低温1440 h，基本需要两个月才能通过休眠。

如果需冷量不能得到满足，植株不能正常完成自然休眠全过程，必然引起生长发育障碍，即使外界气象条件适宜，也不能萌发，或萌发不整齐，引起花器官畸形或严重败育。在设施栽培条件下，如需冷量不足，则花期拉长，坐果率偏低或绝产，了解自然休眠需要的冷量，对大棚果树栽培具有重要的意义。

不同樱桃品种在不同指标温度下所需低温累积时数不同，国内外曾经以各种指标温度累积计算需冷量温度，对樱桃休眠期低温量也多有研究，计算方法和模型有多种，目前应用最多的有三种计算方法，一种是7.2 ℃模型，即经历7.2 ℃以下的低温小时数，二是0～7.2 ℃模型(不包括0 ℃)，第三种是犹他模型(Utah Model)。刘仁道等(2009)通过人工低温的方法，选取12个甜樱桃品种，将不同品种的枝条放入4 ℃的冰箱中进行低温处理，然后放入培养皿中，统计萌芽率达到50%的时候已经满足的低温量，来作为各个品种的需冷量。

甜樱桃不同品种需冷量存在较大差异，其中对需冷量要求最低的品种有拉宾斯和大紫，仅为624 h；其次是金樱桃、斯坦勒、佳红、佐藤锦、最上锦和雷尼尔，需冷量为792 h；再次是南阳和红灯，需冷量为960 h；先锋对需冷量的要求稍高，为1128 h；对需冷量要求最高的是沙蜜豆1296 h。

近年来，园艺、农学等专家学者对落叶果树需冷量有大量研究，但对陕西地区甜樱桃的需冷量鲜见报道。为此，以铜川地区为例，普查了甜樱桃的需冷量气候背景，为甜樱桃设施栽培的扣棚时间的确定奠定基础。

铜川地区栽种的甜樱桃主要有：早熟品种有秦樱一号、龙冠、红灯，中熟品种有先锋、斯坦拉、雷尼，晚熟品种有艳阳、吉美、吉莫斯、拉宾斯、萨米脱。各自的需冷量如表2.1。

表2.1 不同大樱桃品种需冷量指标

品种	需冷量指标(h)
红灯	700～800
布鲁克斯	700～800
萨密托	800～1000
美早	600～700
早大果	600～700
雷尼尔	800
拉宾斯	1000

以铜川南部耀州区为例，统计分析7.2 ℃的初始日到萌芽期的0～7.2 ℃的小时数，来分析樱桃休眠期所需的低温量的气候背景。

由表 2.2 可见，从≤7.2 ℃初日到终日，耀州区 0～7.2 ℃的平均日数在 49 d，平均小时数在 1180 h，基本满足各种樱桃解除休眠所需的冷量。

表 2.2　耀州区建站以来日最高气温小于 7.2 ℃的初、终日期及累计小时数

年份	≤7.2 ℃初日（月-日）	≤7.2 ℃终日（月-日）	0～7.2 ℃的日数(d)	折算时间(h)
1964	11-30	03-04	57	1368
1965	11-30	02-23	35	840
1966	11-25	01-30	54	1296
1967	11-18	02-25	70	1680
1968	10-11	02-25	46	1104
1969	11-04	03-02	67	1608
1970	11-15	03-03	73	1752
1971	11-08	03-13	60	1440
1972	11-21	03-01	61	1464
1973	11-25	03-02	47	1128
1974	11-13	03-10	61	1464
1975	11-10	03-06	62	1488
1976	11-10	03-02	44	1056
1977	12-13	02-17	41	984
1978	11-19	02-19	39	936
1979	11-14	01-31	58	1392
1980	12-04	02-17	49	1176
1981	11-05	02-28	65	1560
1982	11-15	02-11	48	1152
1983	11-30	01-25	49	1176
1984	11-20	02-28	41	984
1985	11-08	01-30	57	1368
1986	11-15	02-28	35	840
1987	10-30	01-27	51	1224
1988	12-14	03-08	52	1248
1989	11-11	02-26	72	1728
1990	11-23	02-28	50	1200
1991	12-08	02-13	39	936
1992	12-03	02-10	32	768
1993	11-18	01-28	52	1248
1994	11-14	02-14	66	1584
1995	12-06	02-06	47	1128
1996	11-13	02-09	50	1200
1997	11-16	02-12	58	1392
1998	11-26	02-05	29	696
1999	11-27	01-22	33	792

续表

年份	≤7.2 ℃初日（月-日）	≤7.2 ℃终日（月-日）	0～7.2 ℃的日数(d)	折算时间(h)
2000	10-25	02-06	53	1272
2001	11-26	02-08	44	1056
2002	11-19	01-31	44	1056
2003	11-08	02-15	65	1560
2004	11-25	02-07	54	1296
2005	12-2	02-21	56	1344
2006	11-24	02-10	43	1032
2007	12-01	01-25	41	984
2008	12-04	02-19	38	912
2009	11-11	02-06	63	1512
2010	10-26	02-17	24	576
2011	11-30	01-31	79	1896
2012	11-24	03-05	38	912
平均日期	11-19	02-15	49	1180
最早日期	10-11	01-22	79	1728
最晚日期	12-14	03-13	24	576

2.2.3 萌芽期

目前，铜川、咸阳、宝鸡的部分地区有种植，选取地区代表站点进行分析。

大樱桃树的年生长周期中，樱桃生长的不同时期对温度有不同的要求，对温度反应比较敏感，在日平均气温 7 ℃以上，花芽开始萌动，适宜气温 10 ℃左右，陕西大田樱桃一般在 3 月中旬到 3 月底萌动。

叶芽一般比花芽萌动期晚 5～7 d，叶芽萌动后约有 7 d 左右是新梢初生长期。

从铜川地区历年大田樱桃生长期来看，樱桃萌芽期一般在 3 月中下旬到 4 月上旬，与稳定通过界限温度 7 ℃的初始日期吻合，即王益区在 3 月 27 日左右，南部地区在 3 月 15 日，北部地区宜君县在 4 月 8 日。稳定通过 7 ℃日期的 80％保证率王益区在 3 月 26 日，耀州区在 3 月 15 日，北部地区宜君县在 4 月 8 日。

从渭北地区气温分布看，见图 2.2a，3 月中旬，铜川、宝鸡和咸阳北部部分地区日平均气温在 4.3～5.7 ℃，太白、华山等地气温偏低，在 1.1～3.7 ℃，其余地区均超过 7 ℃，三原、泾河等关中东部部分地区超过 10 ℃。3 月下旬，见图 2.2b，麟游、宜君、长武、旬邑在 5.8～6.3 ℃，其余均超过 7 ℃，关中东部渭南地区和咸阳南部地区日平均气温超过 10 ℃，在 10.2～10.7 ℃，4

月上旬，见图 2.2c，除麟游、宜君、长武、旬邑外，其余均超过 10 ℃，麟游、宜君、长武、旬邑等地，直到 4 月中旬，日平均气温才稳定通过 10 ℃。

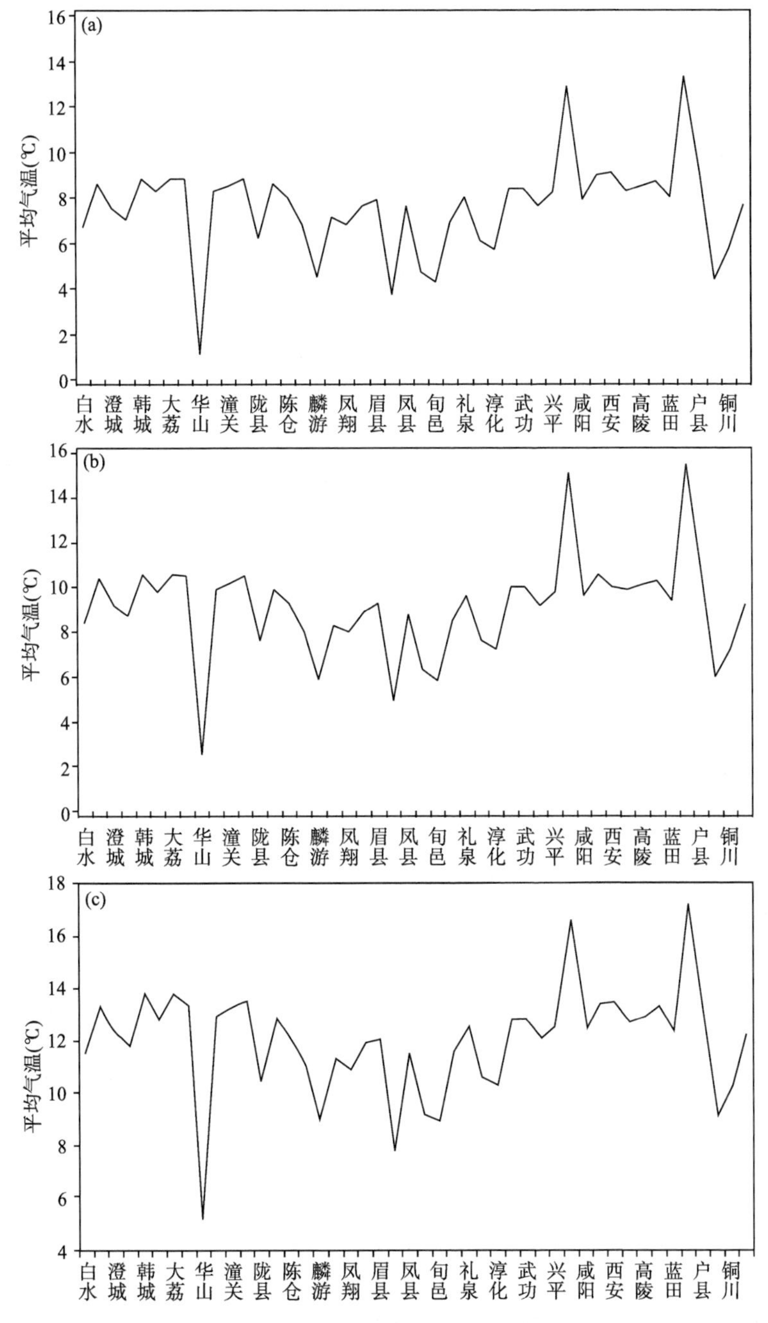

图 2.2　关中平原—渭北塬区樱桃萌芽期平均气温

(a)3 月中旬；(b)3 月下旬；(c)4 月上旬

从各地温度变化情况来看，3 月中旬初，铜川、宝鸡和咸阳北部部分地区，平均气温超过 7 ℃，樱桃开始萌动，3 月下旬中期，关中西部、渭北部分地区樱桃萌动。

2.2.4 开花期

樱桃树在日平均气温达到 10 ℃左右开始开花，花期约 10 d，当日平均气温偏低时，花期偏晚推迟，从果树生长节律来看，大树和弱树花期较早。而且同一棵树，短果枝和花束状果枝上的花先开，中、长果枝开花稍晚。每朵花持续开 3 d 时间，开花第一天授粉坐果率最高，第二天次之，第三天最低。

3 月下旬中期开始，关中东南部地区樱桃进入花期，依次向西向北扩展，4 月上旬，渭北地区及关中西部地区进入花期。

渭北塬区东部即渭南地区花期最早，始花期在 3 月下旬初到中期，花期平均气温在 12.3～12.8 ℃，即包括蒲城、韩城、大荔、渭南、潼关、华阴、华县、富平、澄城等地区，3 月下旬末期，关中平原东部地区和渭北塬区中部的铜川南部樱桃进入开花期，花期平均气温在 10.1～12.7 ℃，包括周至、长安、蓝田等西安周边地区，4 月上旬开始，宝鸡和咸阳中南部地区依次进入开花期，平均气温为 10.4～13.1 ℃，见图 2.3。

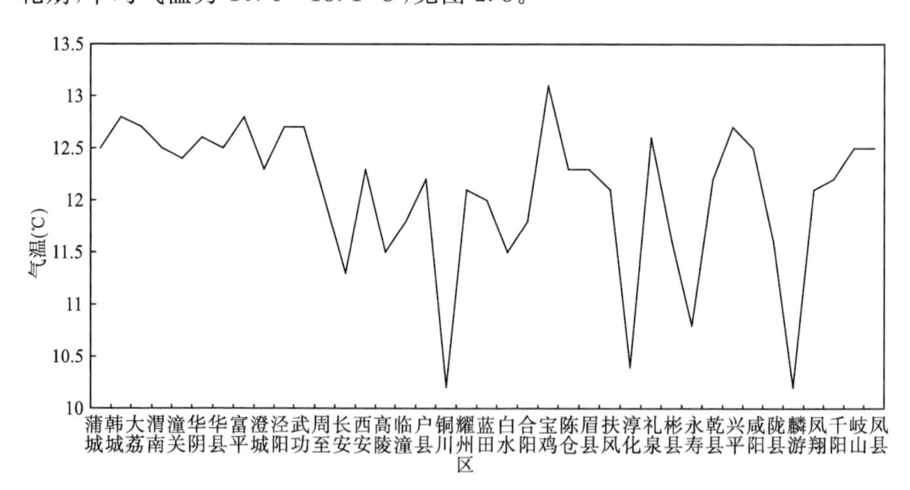

图 2.3 关中地区樱桃开花期平均气温

2.2.5 果实生长期

果实生长期较短，一般从开花到果实成熟 35～55 d，果实生长期分为三个阶段：

第一阶段为第一次迅速生长期，从谢花到硬核形成前。主要特点是果实（子房）迅速膨大，果核（子房内壁）迅速增长至果实成熟时的大小。这一阶段的长短，在不同品种樱桃中的表现不同，为 10 d 左右，大紫为 14 d，那翁为 9 d。这个阶段虽然持续时间不长，但对产量起重要的作用。这一阶段结束时果实大小为采收时果实大小的 53.6%～73.6%。

第二阶段为硬核和胚发育期。主要特点是果实纵横径增长缓慢，果核木质化。这阶段大体为 10 d。这个时期果实实际增长仅占采收时果实大小的 3.5%～8.6%。如果此阶段胚发育受阻，果核不能硬化，果实会变黄，萎蔫脱落，或者成熟时多变为畸形果。

第三阶段为第二次迅速生长期，自硬核至果实成熟。主要特点是果实迅速膨大，横径增长量大于纵径增长量，果实着色，可溶性固形物含量增加。本阶段一般为 10～15 d，大紫需 11 d，那翁为 17 d，这个时期果实的增长量占采收时果实大小的 23%～37.8%，这个阶段在迅速生长的同时主要是提高品质。

4 月上旬初，关中平原南部地区西安、渭南等地的樱桃进入果实生长期，4 月上旬末期到中旬中期，渭北塬区及关中西部地区进入果实生长期。从各地这个时段的平均气温来看，在 15 ℃以上就能满足樱桃果实生长期气温需求。

从整个区域果实生长期来看，果实生长期从 4 月上旬持续到 6 月上旬，其中，西安、咸阳南部地区、渭南地区果实生长期在 4 月 1 日—5 月 15 日，平均气温在 16.0～17.0 ℃；咸阳、宝鸡中部地区在 4 月 10 日—5 月 30 日，平均气温在 15.5～15.8 ℃，铜川、咸阳、宝鸡北部部分地区在 4 月 15 日—6 月 10 日，平均气温在 15.0～15.4 ℃，图 2.4。

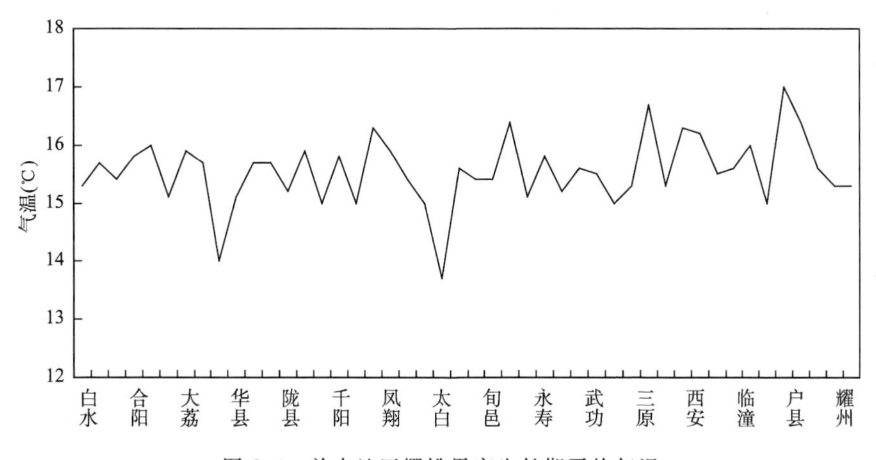

图 2.4　关中地区樱桃果实生长期平均气温

第3章　大樱桃需冷量分析及适宜扣棚期确定

需冷量是落叶果树自然休眠期所需的有效低温时数的累计，一般地，在气温0～7.2 ℃条件下，达到200～1500 h时，大多果树都可以通过休眠。需冷量在不同果树树种、品种间存在显著差异，同一果树品种在不同的年份需冷量也不同，不同地区之间差异更大。短暂高温也能使休眠期延长，每年冬季最高、最低温度变化可能造成同一品种需冷量的年际间差异。

需冷量的估算十分重要，尤其是对于设施樱桃栽培，需要根据需冷量的达标时间为基础来确定大棚的扣棚期，同时，需冷量的高低还影响成熟期的早晚，因此，大樱桃需冷量估算已经成为设施栽培成败的关键。

3.1　大樱桃栽培需冷量分析

设施大樱桃栽培，为了尽快提早开花，果品提早上市，选择低需冷量并且果实发育期短的优良品种为宜。如果需冷量不足时，提前打破休眠进入生长，将导致生长发育障碍，开花不整齐，花期延长，坐果率低，影响产量和经济效益。为保障设施大樱桃的产量和经济效益，因此，估算需冷量及达标时间就非常重要，以需冷量的达标时间为基础来确定设施樱桃的扣棚期，为科学栽培设施大樱桃提供参考。

本章采用2006—2013年铜川地区秋冬季到春季的逐时气温观测资料及日平均气温资料，基于0～7.2 ℃模型，对需冷量进行估算，并以日光温室栽培5～7年生红灯、布鲁克斯、萨米脱、美早等低、中、高三个等级需冷量樱桃品种为试材，分析了铜川地区高、中、低需冷量樱桃品种解除休眠的需冷量达标时间，为铜川地区设施樱桃适宜扣棚期确定奠定了理论基础。

3.1.1　铜川地区樱桃需冷量估算

以秋季逐日小时气温低于7.2 ℃为初始日期，春季大田樱桃树开始萌动日期为终日，计算这段时间内0～7.2 ℃的累积小时数，即为樱桃解除休眠的需冷量，并以此为基础，来计算分析各个品种樱桃需冷量的达标时间。

根据果树生长的生物学特征，将大樱桃树萌动期定为春季平均气温稳定通过 5 ℃的日期。2006—2013 年各地春季平均气温稳定通过 5 ℃的日期分别为：耀州区 3 月 13 日，铜川 3 月 20 日，宜君 3 月 31 日（见表 3.1），即樱桃树开始萌芽的日期，也就是说铜川地区樱桃，在自然条件下，解除休眠的时间在 3 月中旬到下旬，即大田樱桃通过自然休眠开始萌动生长。

统计分析各地 7.2 ℃的初始日到萌芽期的 0～7.2 ℃的小时数，以此来分析各地樱桃休眠期所需的低温量的气候背景。

依各地樱桃树开始萌芽日期为终日，统计三个国家气象站的自动观测的逐日逐小时<7.2 ℃的累积小时数，2006—2013 年 0～7.2 ℃的平均小时数为 1382 h，即需冷量为 1382 h，各地均超过了 1000 h。最多南部地区 1765 h，中部 1584 h，北部 1775 h，最少南部 1153 h，中部 1170 h，北部 1220 h，对比不同品种大樱桃的休眠期需冷量指标，铜川地区最少的 0～7.2 ℃的小时数均超过最大需冷量（1000 h）指标，即满足各种樱桃解除休眠所需的冷量。

表 3.1 铜川地区春季日平均气温稳定通过 5 ℃日期

年份	耀州	铜川	宜君
2006	3 月 15 日	3 月 15 日	4 月 14 日
2007	3 月 18 日	3 月 2 日	3 月 21 日
2008	2 月 28 日	3 月 1 日	3 月 5 日
2009	3 月 5 日	3 月 15 日	4 月 4 日
2010	3 月 11 日	4 月 16 日	4 月 15 日
2011	3 月 26 日	3 月 27 日	4 月 6 日
2012	3 月 8 日	3 月 22 日	3 月 21 日
2013	3 月 3 日	3 月 3 日	3 月 12 日
平均	3 月 13 日	3 月 20 日	3 月 31 日

2006—2013 年铜川地区需冷量不同年份 0～7.2 ℃的累积小时数在 1153～1775 h。全市多年平均为 1382 h，其中北部宜君最多为 1430 h，其次是南部耀州 1396 h，中部铜川最少 1321 h（见表 3.2）。

表 3.2 2006—2013 年铜川地区各区县 0～7.2 ℃累积小时数（单位：h）

年份	耀州	铜川	宜君	全区平均
2006	1277	1170	1423	1290
2007	1765	1230	1438	1478
2008	1153	1191	1249	1198
2009	1486	1584	1775	1615
2010	1169	1386	1320	1292
2011	1515	1389	1605	1503
2012	1412	1412	1220	1348
2013	1391	1213	1412	1339
平均	1396	1321	1430	1382

刘仁道等(2009)提出的樱桃休眠期需冷量指标为:甜樱桃最低需冷量为624 h,最大需冷量 1296 h,大部分的甜樱桃品种需冷量都是 792 h。通过对比,铜川三个地区 0～7.2 ℃的平均及历年的累积小时数均超过了该需冷量指标,总体上满足各种品种樱桃通过自然休眠所需的冷量。

3.1.2 不同量级需冷量达标日期差异对比

依樱桃的理论需冷量研究成果(见表 3.3),将不同品种的需冷量指标分为低(600 h)、中(800 h)、高(1000 h)需冷量三类。

表 3.3 不同大樱桃品种需冷量指标

品种	需冷量(h)	量级
红灯	700～800	低
布鲁克斯	700～800	中
萨密托	800～1000	高
美早	600～700	低
早大果	600～700	低
雷尼尔	800	中
拉宾斯	1000	高

铜川地区不同量级需冷量达标时间计算见表 3.4。铜川中北部地区满足低需冷量的最早时间在 11 月下旬后期到 12 月初,南部在 12 月中旬;最晚时间普遍在 1 月中旬后期。中需冷量达标时间,南北差异较大,中北部最早时间是在 12 月中旬中后期,南部在元月初;最晚时间均在 2 月以后,中北部在 2 月中旬后期到下旬初期,南部在 2 月上旬后期。高需冷量达标最早时间,中北部在 1 月上中旬,南部在 1 月下旬后期;最晚时间中南部在 3 月初,北部在 3 月中旬末。总体来看,三个量级的需冷量达标最早时间,中北部地区比南部偏早,最晚时间北部晚于中南部。

表 3.4 铜川地区不同量级需冷量达标日期(月-日)

需冷量(h)	铜川(地区中部)			耀州(地区南部)			宜君(地区北部)		
	最早	最晚	平均	最早	最晚	平均	最早	最晚	平均
600	12-03	01-18	12-26	12-16	01-21	01-03	11-25	01-19	12-22
800	12-19	02-18	01-18	01-02	02-08	01-20	12-14	02-22	01-17
1000	01-15	03-04	02-08	01-26	03-01	02-11	01-01	03-20	02-09

从全市三个气候区的不同量级需冷量多年平均达标日期来看,低需冷量的达标时间在 12 月下旬到 1 月初,中需冷量的达标时间在 1 月中旬后期,高需冷量到达标时间在 2 月上旬后期及中旬初。由低到高三类需冷量的达

标时间自北向南地区跨度为 4～12 d。中北部需冷量的最早达标时间偏早于南部。

3.1.3　不同品种不同量级需冷量达标日期差异对比

对比不同樱桃品种需冷量的理论指标(见表 3.5),铜川地区栽种的大樱桃,美早和早大果等早熟品种的需冷量在 12 月下旬到 1 月上旬达标,红灯、布鲁克斯、雷尼尔、拉宾斯等中晚熟品种需冷量在 1 月中旬后期达标,萨密脱等晚熟品种在 2 月上旬后期达标。

以主栽品种红灯为例,从 2011 年冬季资料分析看,自然条件下,周陵 2 月中旬可以达到 800 h 的需冷量,新区 12 月下旬末期到 1 月初就可以达到 800 h 的需冷量,塬畔 1 月中旬可以达到 800 h 的需冷量,马咀 1 月下旬末期到 2 月上旬初期可以达到 800 h 的需冷量。

表 3.5　不同品种樱桃需冷量达标时间

品种	需冷量达标时间
美早	12 月下旬到 1 月上旬
早大果	12 月下旬到 1 月上旬
红灯	1 月中旬后期
布鲁克斯	1 月中旬后期
雷尼尔	1 月中旬后期
拉宾斯	1 月中旬后期
萨密托	2 月上旬后期

3.1.4　适宜扣棚期的初步确定

低需冷量达标时间的地区跨度最大,从三年试验的扣棚期看,各地在满足 600 h 冷量后开始扣棚,是拉开地区设施樱桃生长季差异的一个重要指标,曾也有人提出当需冷量累积 2/3 时施用化学试剂提早打破休眠(Naor 等,2003;Legave 等,2008;Erez,1987),促进果树早开花,这预示着 600 h 的达标时间成为扣棚的关键时间,初步将低需冷量多年平均达标时间作为铜川设施樱桃大棚的适宜扣棚期。

3.1.5　小结

铜川三个地区 0～7.2 ℃的平均累积小时数均超过了刘仁道等(2009)学者提出的樱桃休眠期需冷量指标,总体上满足各种品种樱桃通过自然休眠所需的冷量。

从全市三个气候区的不同量级需冷量多年平均达标日期来看，低需冷量的达标时间在12月下旬后期到1月初，中需冷量的达标时间在1月中旬后期，高需冷量到达标时间在2月上旬后期。由低到高三类需冷量的达标时间自北向南地区跨度为4～12 d。中北部需冷量的最早达标时间偏早于南部。

根据试验资料分析，针对不同品种，不同量级需冷量达标日期也有明显差异。

将低需冷量多年平均达标时间作为铜川各地设施樱桃大棚的适宜扣棚期，可以拉开不同地区设施樱桃生长季和成熟期的差异。

3.2 设施大樱桃适宜扣棚期的确定

通过2012—2013年在示范区对不同处理下樱桃的生长发育情况观测，基本掌握了不同品种的物候期特点，利用观测结果，通过线性相关等统计方法，分析模拟不同品种樱桃的成熟期与扣棚期的关系，结合需冷量的达标时间，通过敏感性分析，确定了基于最低需冷量的适宜扣棚期，2013—2014年在大棚樱桃生产中推广应用，各地扣棚期适宜，成熟期在预期范围，比露天栽培樱桃提前成熟50余天，利于销售，经济效益高。

3.2.1 扣棚期

表3.6为不同地区扣棚期及需冷量。神农2012年12月5日提前扣棚蓄冷，到1月2日升温，12月日平均气温比外界气温平均升高3.8 ℃，截至需冷量达标时，比自然条件下提高了174 h。

马咀2012年12月15日扣棚，自然条件下达到了644 h冷量，比需冷量达标期提前了约30 d，通过及时盖帘，在1周的暗期刚好使冷量达标，进入生长期。

塬畔2012年12月18日扣棚时需冷量为650 h，到1月1日刚好满足800 h的需冷量指标时开始升温，充分利用温室效应，提高了温度，将无效温度转为有效的冷量。

周陵(加温棚)2012年10月28日扣棚降温，进入休眠，利用空调将棚内温度降到0～7.2 ℃，12月17日累积达到800 h后，开始打破暗期，利用空调升温，强迫解除休眠，进入生长。

表 3.6 不同地区扣棚期及需冷量

年份	塬畔		周陵		马咀		神农(坪新)	
	扣棚期(月-日)	需冷量(h)	扣棚期(月-日)	需冷量(h)	扣棚期(月-日)	需冷量(h)	扣棚期(月-日)	需冷量(h)
2012—2013	12-18	650	01-01	638	12-15	644	12-05	651
2013—2014	12-20	659	10-28(加温)	800	12-25	686	01-01	670

从实际扣棚期看,扣棚时均为达到解除休眠所需的低温量,扣棚后利用日光温室保温效果,将无效温度转变为有效温度,促使樱桃树体解除休眠。

以马咀为例,12 月 15 日扣棚,需冷量达到了 700 h,还差 100 h 达到解除休眠要求,1 周暗期后,24 日开始升温,1 周时间补充了 150 h 的需冷量,合计为 850 h 的需冷量,24 日后开始升温,树体复苏,12 月日光温室的效应使得棚内气温平均升高 5 ℃,白天外界最低气温为−8.4 ℃,夜间最低气温为−9.5 ℃,根据天气类型分析,假如外界低于−5 ℃时,棚内气温就将低于 0 ℃,超出需冷量范围,为无效冷量温度,那么,如果外界气温高于 5 ℃的范围,都可以将无效温度转为 0 ℃以上的有效冷量,同样,外界温度低于 2.2 ℃时,棚内为有效冷量,棚外高于 2.2 ℃时,就为无效冷量。这样可以初步得出棚内有效冷量的棚外温度指标,平均气温为−5～2.2 ℃时,可以提高到有效范围,超出这个范围在无加温措施时,无法提高温度。

经过生产实际,建议需冷量达到 650 h 左右就开始扣棚,一周暗期后进行升温。

3.2.2 成熟期

周陵为人工加温棚,现蕾开花期在 1 月 12—16 日,开花幼果期 1 月 17 日至 2 月 15 日,幼果膨大期 2 月 16 日至 3 月 4 日,膨大成熟期 3 月 5—10 日。

塬畔 1 月 7 日萌芽,现蕾开花 2 月 5—10 日,2 月底坐果,3 月底到 4 月初成熟。

马咀 1 月 6 日芽膨大,1 月 31 日现蕾,2 月 6 日开花,2 月 21 日坐果,3 月 28 日成熟。

神农 1 月 5 日萌芽,2 月 22 日现蕾,2 月 27 日开花,3 月 10 日坐果,4 月 10 日成熟。

3.2.3 扣棚期对樱桃成熟期的影响

利用 2012—2013 年在铜川马咀、塬畔、新区、周陵四个设施樱桃示范区温室大棚的扣棚期和成熟期观测数据，分析樱桃大棚扣棚期与成熟期的关系，发现两者存在较明显的正相关（见图 3.1），即扣棚期越早，成熟期越早。因此生产中可通过提早扣棚增温改变樱桃生育期，促使樱桃早成熟早上市，提高经济效益。

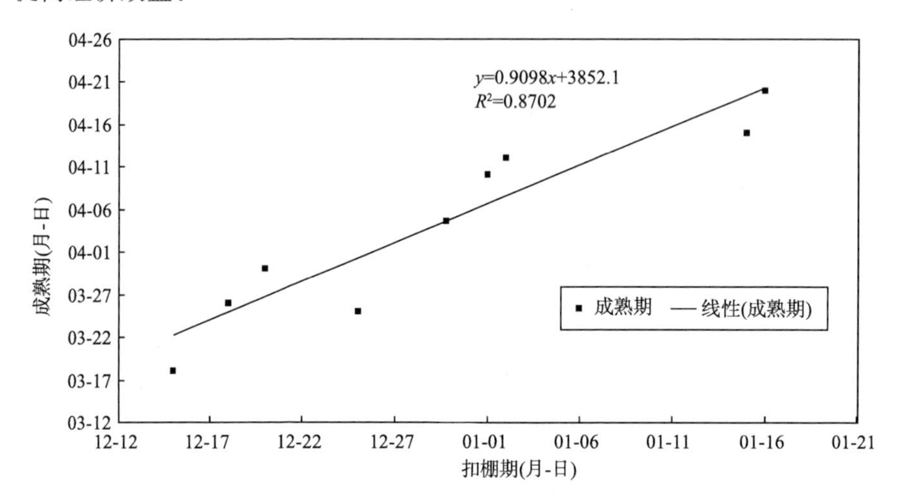

图 3.1　铜川地区温室樱桃扣棚期与成熟期散点图

通过敏感性分析，若扣棚期在 12 月 15—20 日，成熟期可以提前到 3 月中旬；若扣棚期在 12 月 25 日至 30 日时，成熟期可以控制在 3 月下旬；扣棚期在 1 月 1 日—5 日，成熟期则在 4 月上旬。

3.2.4　基于最低需冷量的扣棚期确定

通过四个设施示范区大棚樱桃的扣棚升温时间和生长情况看，可以在满足最低需冷量时扣棚，充分利用温室效应，将低于 0 ℃、或高于 7.2 ℃的无效温度转为有效冷量，继续积累低温量，满足不同品种的休眠期需冷量后，开始缓慢升温萌动直到成熟。

为了提前萌动和成熟上市，并将三个地区的成熟期错开，结合铜川地区低温冷量平均达标日期及上市时间，确定适宜扣棚期为：北部地区 12 月 15—20 日，中部地区 12 月 25—30 日，南部地区 12 月底到 1 月初。和大田樱桃物候期相比，大棚樱桃萌动期将提前 70～80 d，成熟期提前 45～60 d，即铜川各地大棚樱桃在 3 月中旬到 4 月上旬分期成熟上市，能获得相当于露地栽培 10 倍以上的经济效益，实现早上市，高收益。

3.2.5　2013—2014 年扣棚期应用情况及检验

在初步研究的结果上，2013 年冬季开始进行需冷量统计指导生产实际，

开展了相应的气象专题服务。以最低需冷量的品种为大棚樱桃的休眠期指标开始扣棚，当最大需冷量品种达标时开始升温，2013 年冬季，对全市四个地区樱桃休眠期需冷量及时进行了跟踪监测，分三种方式调控扣棚，各地需冷量及扣棚时间如下：

马咀和塬畔在自然无加温条件下扣棚升温，马咀 12 月 25 日扣棚，塬畔 12 月 20 日开始扣棚，扣棚期需冷量在 659～686 h，经过一周暗期后，刚好将冷量积累到了解除休眠的指标，即 800 h 的冷量，开始升温，成熟期均在 2014 年 3 月下旬后期。

周陵在空调降温、加温条件下扣棚升温，周陵 10 月下旬提前扣棚，利用空调进行冷却降温处理，12 月 1 日需冷量达标，开始升温，2014 年 2 月 15 日成熟上市。

神农在自然条件下无降温、加温条件，提前扣棚，12 月 5 日扣棚，2014 年 1 月 1 日需冷量达标，开始升温，3 月 30 日成熟。

从扣棚期时间和升温时间监测来看，升温时需冷量基本达标，满足樱桃休眠期所需，成熟期在预期时间，比露天栽培樱桃提前成熟上市 50 多天，利于市场销售和市场价格提升。

从 10 月下旬开始开展需冷量专题气象服务，并将各地区种植户及果业等相关部门决策人员纳入直通信息库，及时通过手机短信平台发布信息，从 11 月开始到 1 月初，每周发布一次，共计发布了 10 余次专题服务信息，扣棚适宜，大棚樱桃按预期成熟上市。成熟上市时间比露地樱桃提前 35 d 以上，商品价格高，获得了较高的经济效益，和 2012 年相比，种植户增加经济收益超过 200 万元。

3.2.6　小结

在满足最低需冷量时扣棚，充分利用温室效应，将低于 0 ℃、或高于 7.2 ℃的无效温度转为有效冷量，继续积累低温量，满足不同品种的休眠期需冷量。

樱桃大棚扣棚期与成熟期关系密切，两者存在较强的正相关，即扣棚越早，成熟越早。

根据铜川地区需冷量达标时间的气候特点及不同品种的休眠期指标，设施大棚最早在 12 月中下旬可以开始扣棚升温，但南北有差异。初步确定适宜扣棚期为：北部地区 12 月 15—20 日，中部地区 12 月 25—30 日，南部地区 12 月底到 1 月初。

第4章　大樱桃低温冻害风险分析

关中—渭北旱塬区，2～4月，低温寒潮频发，此时正是果树的萌芽到开花坐果期，低温冻害是春季的主要气象灾害，尤其是在最早结果的樱桃开花期，低温冻害危害较大。了解并掌握渭北地区樱桃开花期的低温发生规律及影响，对于低温冻害防御和防范有十分重要的理论参考作用。

4.1　研究区概况

关中—渭北旱塬区，3月到4月，渭北地区樱桃正值开花到坐果期，但低温发生频繁，容易造成花期受冻减产，导致商品果率降低，大大降低了樱桃的经济效益。

统计2月到4月低温发生频率，调查萌芽期、开花期、幼果期等关键物候期，以5个代表点为例，综合分析关中地区大田樱桃不同时期的低温风险。并统计开花期不同等级的日最低气温发生频率，结合花期的时间分布，利于评估花期低温冻害风险，可以作为花期低温冻害防御的气象参考指标。资料来源于关中—渭北旱塬区各区县1990—2014年的气象站观测资料，代表站有澄城、泾阳、蓝田、眉县、耀州，气象要素主要包括日平均气温、最低气温。

4.2　区域气候

关中—渭北旱塬区位于陕北丘陵沟壑区南部和关中平原地带，处于陕西省中部，属黄土高原的一部分。包括陕北丘陵沟壑区以南，关中平原灌区以北，东起黄河，西至陇山的广大旱源、丘陵、山川及沟壑地区，介于东经107°48′—109°45′，北纬34°18′—36°04′。

辖区主要包括白水、澄城、大荔、韩城、合阳、蒲城、铜川、富平、陇县、千

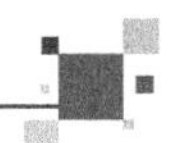

阳、永寿、淳化、耀州区等5个地市级20多个县(区)。该区域海拔为350～1030 m,地势由南向北、由东向西逐渐升高。该区热量资源丰富,属暖温带、半干旱、半湿润季风气候区,年降水量在460～685 mm,降水主要集中在夏季,年平均气温在11.4～15.2 ℃。该区塬面开阔平坦,耕地相对集中连片,土层深厚,土壤类型以黑垆土、黄绵土为主,质地优良,关中—渭北旱塬地区是陕西省重要的农业基地和果业基地,同时,也是生态环境脆弱敏感的一个地区。

4.3 极端最低气温时空分布

4.3.1 关中—渭北区域不同等级低温发生频率

关中—渭北地区樱桃花果期主要集中在2—4月,统计此期间的逐日最低气温,将低温冻害分成4级,即6～8 ℃,4～6 ℃,2～4 ℃,<2 ℃,从整个区域的低温发生频率看,2月,铜川地区<2 ℃低温冻害频发,3月,耀州、蓝田$2 \leqslant T < 4$ ℃发生频率较其他区县高,4月,王益区、蓝田$4 \leqslant T < 6$ ℃低温发生频率较高,见表4.1。

表4.1 铜川地区不同等级低温发生频率(单位:%)

区域	2月				3月				4月			
	$6 \leqslant T \leqslant 8$	$4 \leqslant T < 6$	$2 \leqslant T < 4$	$T<2$	$6 \leqslant T \leqslant 8$	$4 \leqslant T < 6$	$2 \leqslant T < 4$	$T<2$	$6 \leqslant T \leqslant 8$	$4 \leqslant T < 6$	$2 \leqslant T < 4$	$T<2$
王益	0.2	1.6	6.8	91.0	8.4	16.9	16.7	52.90	22.9	17.8	10.2	10.9
宜君	0.7	2.1	7.4	90.7	12.0	15.1	14.8	48.6	16.9	14.2	10.9	10.7
耀州	1.2	6.0	13.3	81.2	19.8	19.3	28.2	47.3	18	11.3	6.2	2.7
澄城	1.3	5.8	9.1	77.6	12.2	18.4	16.4	42.4	19.6	10.7	8	5.8
泾阳	3.6	4.9	10.9	74.6	16.9	17.1	21.8	30.9	15.3	12.2	4.7	2.4
蓝田	1.3	5.6	8.9	78.2	12.7	13.3	23.1	42.9	19.1	17.3	9.1	7.8
眉县	1.1	7.6	10.2	75.1	18.2	17.1	20	30.7	18.4	10.4	4.4	2.7

铜川地区,2月份不同等级的低温冻害发生频率为0.2%～91.0%,宜君县为0.7%～90.7%,耀州区1.2%～81.2%,3月份,耀州区不同等级的低温冻害发生频率为19.8%～47.3%,低于4 ℃的低温发生频率明显高于2月,低于2 ℃的低温发生频率降低。4月份,南部耀州区低于2 ℃的低温较少发生,6～8 ℃的低温发生频率为18%。北部宜君县低于2 ℃的低温发生

频率为10.7%,6～8 ℃的低温发生频率为16.9%。中部王益区低于2 ℃的低温发生频率为10.9%,6～8 ℃的低温发生频率为22.9%。

从各月份不同低温等级发生频率看,2月低于2 ℃低温发生频率最高,低温冻害风险最大,3月次之,4月几乎没有。从地域范围来看,中部低温发生频率最高,北部次之,南部最低。从2月 $T<2$ ℃的低温发生频率来看,气候概率超过了80%,尤其是中北部高达90%以上。即低温冻害的风险极大,可以适当发展设施栽培樱桃,达到降低低温风险的目的。

4.3.2 低温保证率

各地花期低温临界值的80%保证率:某界限温度在一定时期内出现的次数与该期总年份比值百分比。高于(或低于)某界限温度的频率总和,就叫做保证率。发生低温的保证率越高,付出的代价越大,受灾风险越大;发生低温的保证率越低,付出的代价越小,但受灾的风险会降低。分别统计了2000—2014年的2—4月极端最低气温 $T<2$ ℃,$2\leqslant T<4$,$4\leqslant T<6$,$6\leqslant T\leqslant 8$ 的80%保证率的临界日期,各月分别如表4.2。

表4.2 2—4月铜川市各区县不同等级的低温80%保证率的临界日期

区域	2月				3月				4月			
	$6\leqslant T\leqslant 8$	$4\leqslant T<6$	$2\leqslant T<4$	$T<2$	$6\leqslant T\leqslant 8$	$4\leqslant T<6$	$2\leqslant T<4$	$T<2$	$6\leqslant T\leqslant 8$	$4\leqslant T<6$	$2\leqslant T<4$	$T<2$
王益	/	/	23日	1日	18日	11日	11日	1日	6日	4日	5日	4日
宜君	28日	18日	/	/	10日	12日	10日	12日	4日	5日	16日	4日
耀州	/	24日	11日	1日	12日	11日	5日	1日	3日*	4日	10日	15日

2月、3月以 $T<2$ ℃、$2\leqslant T<4$ 的低温频发,4月 $6\leqslant T\leqslant 8$ 的低温频发,发生的时间段主要在2月上中旬、3月上旬、4月上旬,其中,2月上中旬以 $T<2$ ℃多发,3月上旬以 $T<2$ ℃的低温为主,4月上旬以 $6\leqslant T\leqslant 8$ 的低温为主。

2月耀州区,2月24日以后低温发生频率小,3月低温主要发生在12日以前,4月15日以后基本没有低温发生。宜君在2月下旬、3月中旬、4月上旬发生低温频率高,4月上旬 $6\leqslant T\leqslant 8$ 的低温为主。2—3月以 $T<2$ ℃低温为主,4月以 $4\leqslant T<6$ 低温为主。

结合樱桃生长期,2月正是大棚樱桃开花期,需要做好花期 $T<2$ ℃的低温冻害防御,降低灾害风险,3月低温在中旬,大田樱桃为萌芽期,影响不大,4月的低温对大田樱桃开花影响大。因此,2月上中旬要做好大棚樱桃开花期低温冻害的防御工作,3月上旬做好大棚樱桃果实生长期的低温防御,4

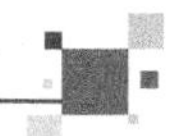

月上旬做好大田樱桃花期低温防御。

4.3.3　月极端低温分布

从关中平原—渭北塬区的低温分布情况看，见图 4.1，基本可以分为三个部分，最低气温自北向南依次升高，其中，黄土高原丘陵梁塬区的最低气温最低，渭北塬区次之，关中平原区的最低气温较高。

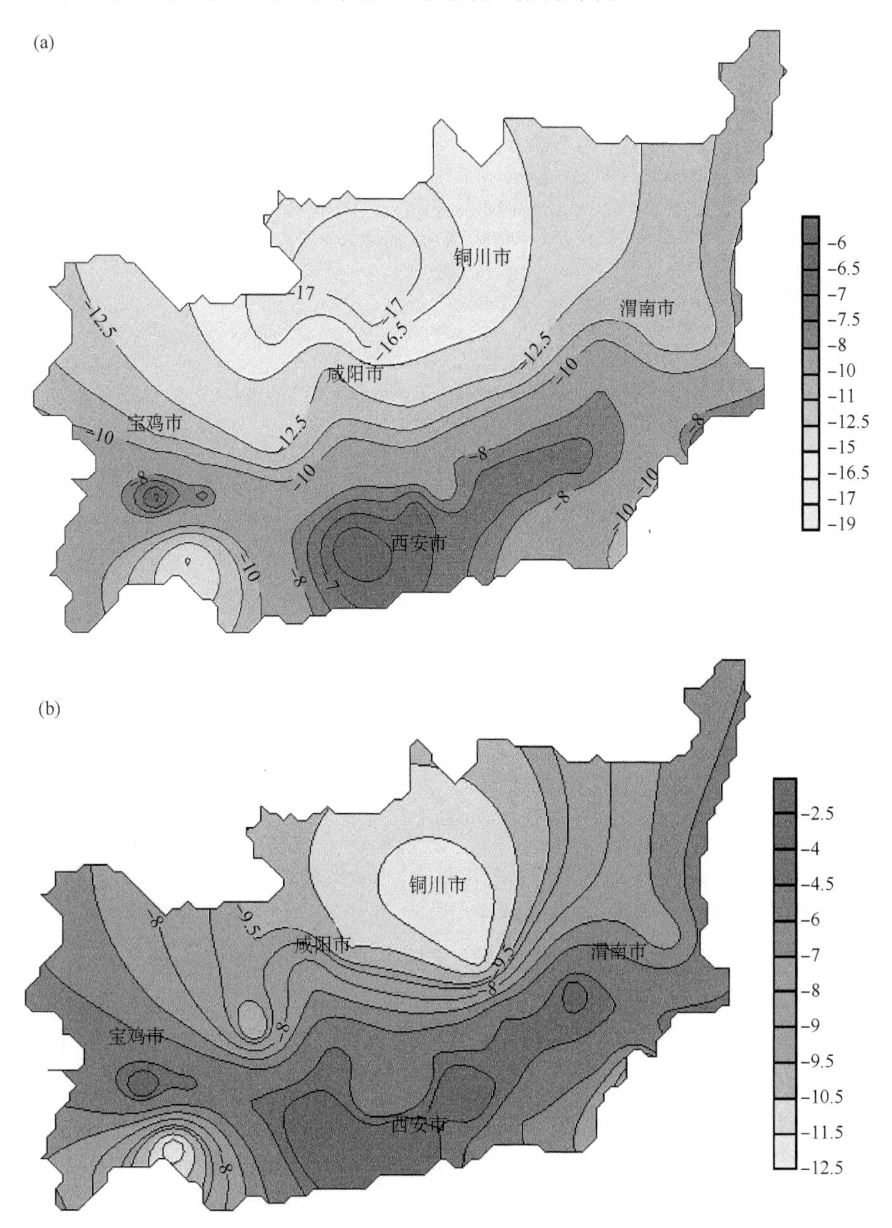

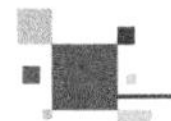

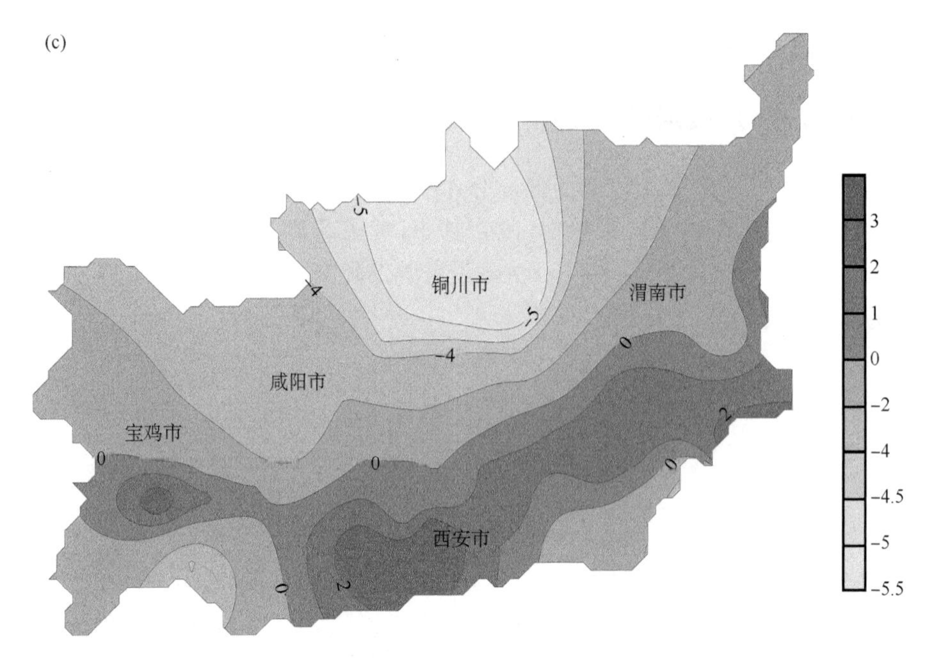

图 4.1 2—4 月最低气温分布图(单位:℃)(附彩图 4.1)

(a)2 月;(b)3 月;(c)4 月

2 月,黄土高原丘陵梁塬区的最低气温在－17.0～－16.5 ℃,渭北塬区在－15.5～－10.0 ℃,关中平原区在－10.0～－7.0 ℃。3 月,黄土高原丘陵梁塬区的最低气温在－12～－8 ℃,渭北塬区在－8.0～－6.0 ℃,关中平原区在－6.0～－4.0 ℃。4 月,黄土高原丘陵梁塬区的最低气温在－6.0～－4.0 ℃,渭北塬区在－4.0～0.0 ℃,关中平原区在 0.0～2.0 ℃。渭北西部果区 4 月中旬前后低温冻害发生频率高,平均每年发生低温冻害 4.1～6.3 d、严重低温冻害 3.2～6.0 d(李健等,2008)。

4.3.4 旬低温分布

3 月中旬开始到 4 月下旬为樱桃萌芽到开花期,从这个时段各地的旬最低气温分布图来看,见图 4.2,3 月中旬,除了华山、太白、麟游等高山区气温在－10.8～－7.8 ℃,宝鸡北部、铜川中北部、渭南北部等渭北地区最低气温在－7.4～－4.5 ℃,渭北地区东部渭南地区、宝鸡南部地区最低气温在－3.9～－2.9 ℃,咸阳、西安等关中平原地区在－3.0～－0.5 ℃;3 月下旬,宝鸡、铜川等渭北地区最低气温在－6.5～－3.5 ℃,渭北地区东部渭南地区、宝鸡南部地区最低气温在－2.8～－0.7 ℃,咸阳、西安等关中平原地区在－2.0～－0.2 ℃;4 月上旬,宝鸡、铜川等渭北地区最低气温在－2.5～－0.3 ℃,渭北地区东部渭南地区、宝鸡南部地区最低气温在 0.2～1.5 ℃,

咸阳、西安等关中平原地区在 1.5～3.5 ℃；4 月中旬，宝鸡、咸阳、铜川的北部地区最低气温在－4.4～－2.5 ℃，渭北地区东部渭南地区、宝鸡、咸阳中南部、西安等地区最低气温在 0～3.2 ℃；4 月下旬，咸阳、宝鸡北部、铜川等渭北地区最低气温在 0.6～3.5 ℃，渭北地区东部渭南地区、宝鸡南部地区最低气温在 4.1～6.2 ℃，咸阳、西安等关中平原地区在 5～6.8 ℃。

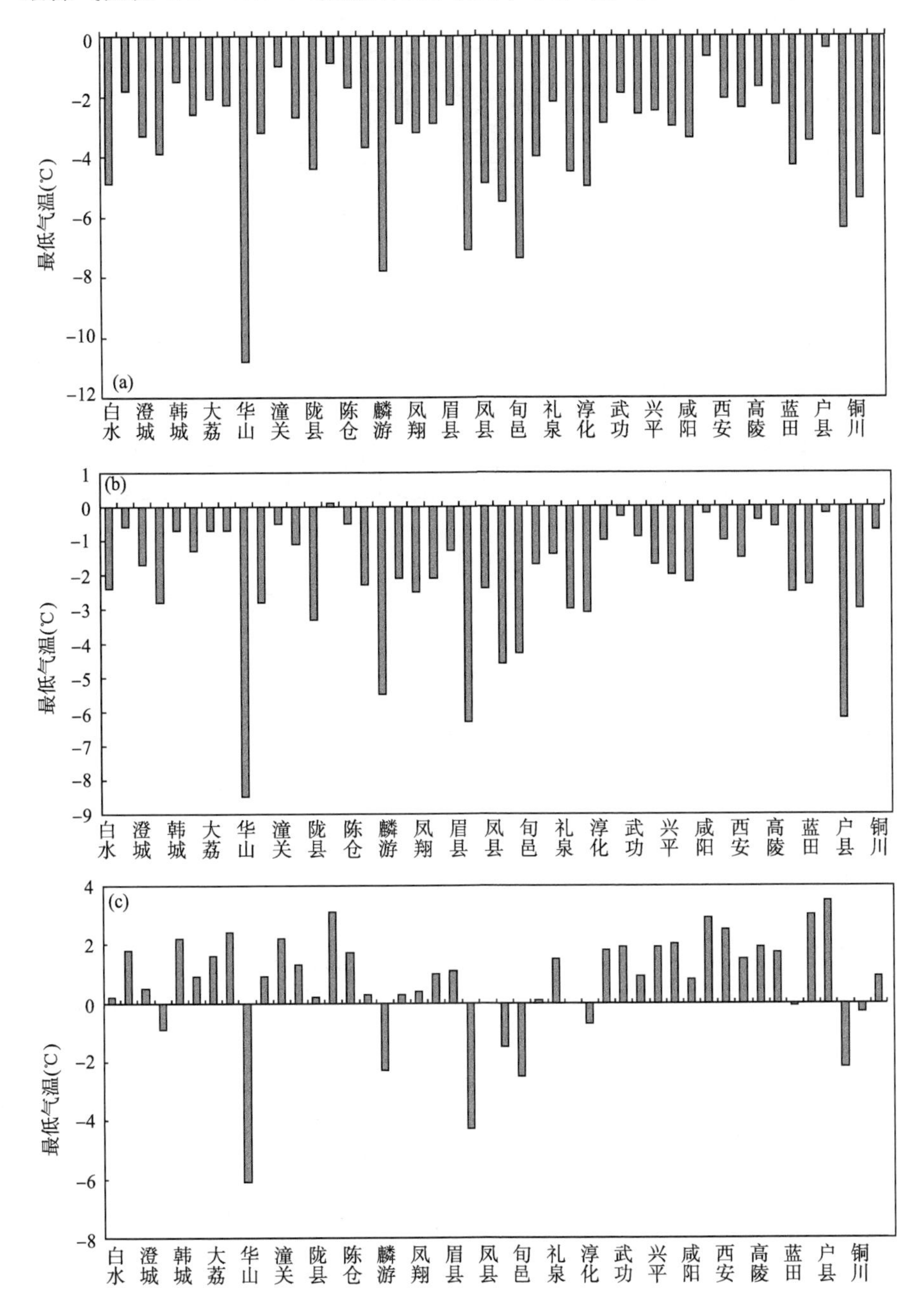

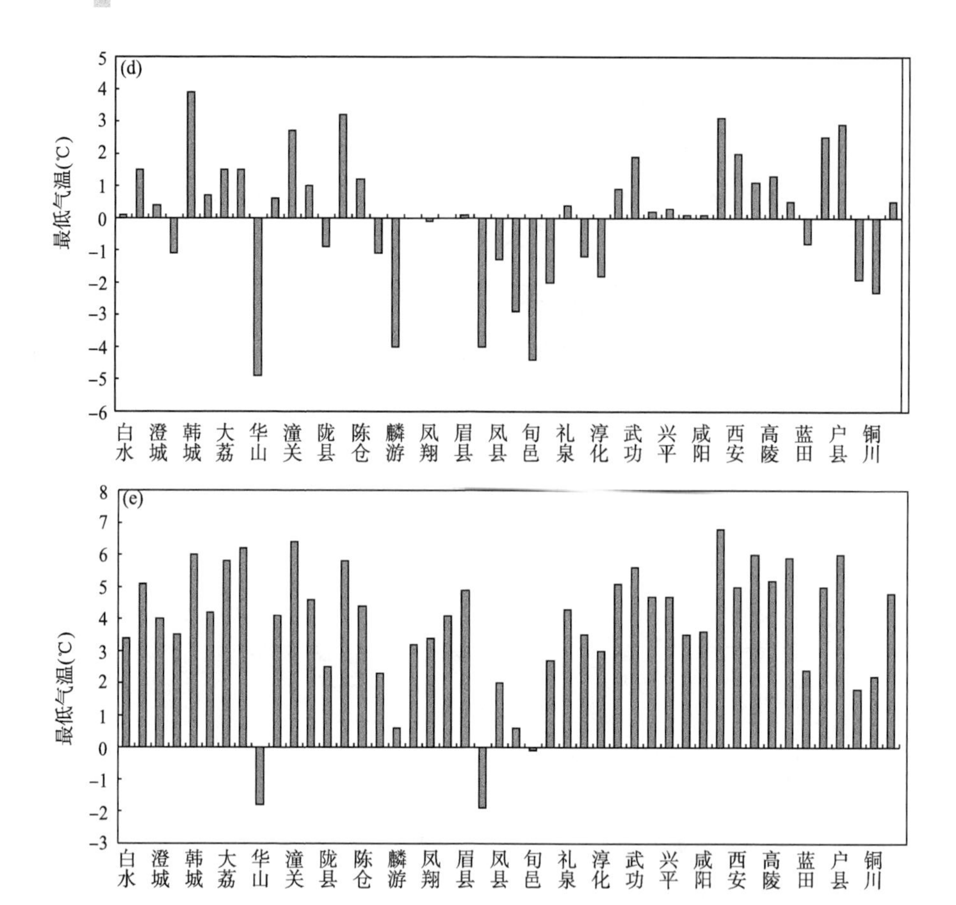

图 4.2　3 月—4 月旬最低气温分布图(单位:℃)

(a)3 月中旬;(b)3 月下旬;(c)4 月上旬;(d)4 月中旬;(e)4 月下旬

4.4　冻害风险分析

樱桃萌芽后,抗寒力逐渐下降,冻害的临界低温各器官略有差异,如花蕾期低温极限大致为−2.8 ℃,花期−1.7 ℃,幼果期−1.1 ℃,达到这种低温,即受冻害。在同一朵花中,雌蕊较雄蕊不耐低温,如柱头遇−1.5 ℃低温,即受冻害。一般树龄大、营养水平高冻害较轻,反之,则重。

4.4.1　萌芽期

在日平均气温 7 ℃以上,花芽开始萌动,适宜气温 10 ℃左右,大田樱桃一般在 3 月中旬到 3 月底萌动。遇到低温−2.8 ℃,容易造成冻害。

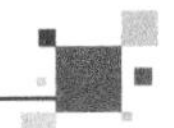

陕西地区历年大田樱桃萌芽期从3月中旬持续到4月上旬。从整个区域看，樱桃萌动期从西安南部最先开始，渭北最晚，见图4.3，结合最低气温分布看，3月中旬初，西安南部地区、咸阳中部、宝鸡中南部、渭南东部地区樱桃萌芽，最低气温−2.5～−0.3 ℃，高于萌芽期能承受的低温，低温风险低。3月下旬中期，关中西部、渭北部分地区樱桃萌动，最低气温−2.4～0.1 ℃，低温风险低。3月下旬后期，渭北地区即铜川、宝鸡、咸阳北部地区樱桃萌芽，最低气温−2.5～−1.4 ℃，低温风险较高。

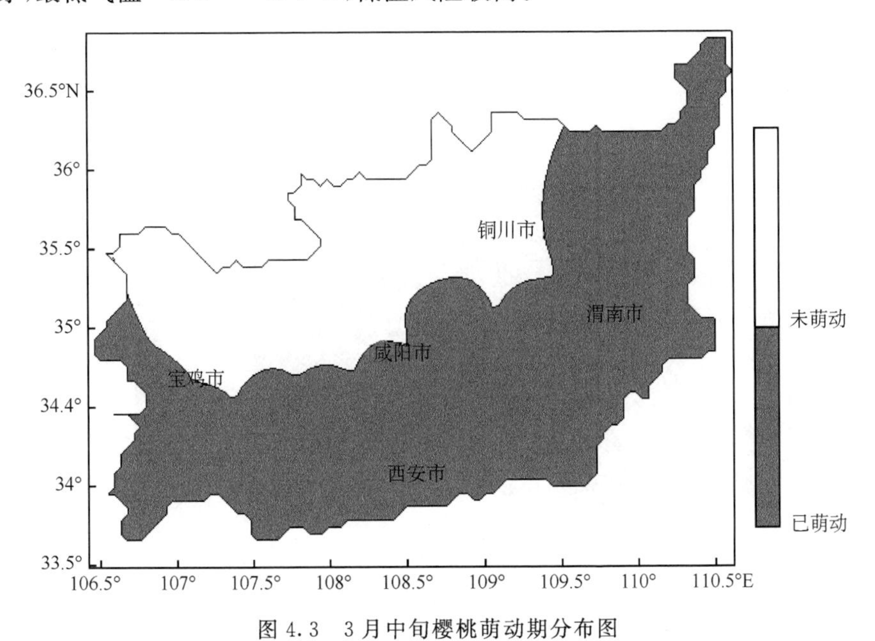

图4.3　3月中旬樱桃萌动期分布图

4.4.2　开花期

樱桃树，在日平均气温达到15 ℃左右开始开花，花期约10 d，当日平均气温偏低时，花期偏晚推迟，从果树生长节律来看，大树和弱树花期较早。而且同一棵树，短果枝和花束状果枝上的花先开，中、长果枝开花稍晚。每朵花开3 d时间，开花第一天授粉坐果率最高，第二天次之，第三天最低。

通过调研关中—渭北地区樱桃开花情况，见图4.4，从南到北，樱桃开花期从3月下旬开始，持续到4月中旬结束，各地因地形地貌原因，时间有所不同。3月下旬中期，关中南部地区樱桃进入花期，依次向北扩展，4月上旬，渭北地区及关中西部地区进入花期。

从旬气温分布看，3月下旬，渭南、咸阳东部、西安南部等地进入开花期，最低气温在−2.0～−0.2 ℃，其中，渭南、咸阳东部最低气温在−1.0～−0.7 ℃，樱桃遭受低温冻害的风险高，西安南部部分地区最低气温在

－0.3～－0.2 ℃，大部分地区高于开花期樱桃能忍受的最低气温临界温度指标，遭受低温冻害的风险较低。4 月上旬，渭南大部、咸阳地区、宝鸡中南部地区樱桃进入开花期，各地最低气温－0.9～1.9 ℃，合阳、蓝田为高风险区，其余地区均高于开花期樱桃能忍受的最低气温临界温度指标，遭受低温冻害的风险较低。4 月中旬，铜川中北部、咸阳、宝鸡北部地区部分地区进入花期，最低气温在－4.4～－0.9 ℃，咸阳北部、铜川中北部地区为低温高风险区，宝鸡北部地区为低温低风险区。

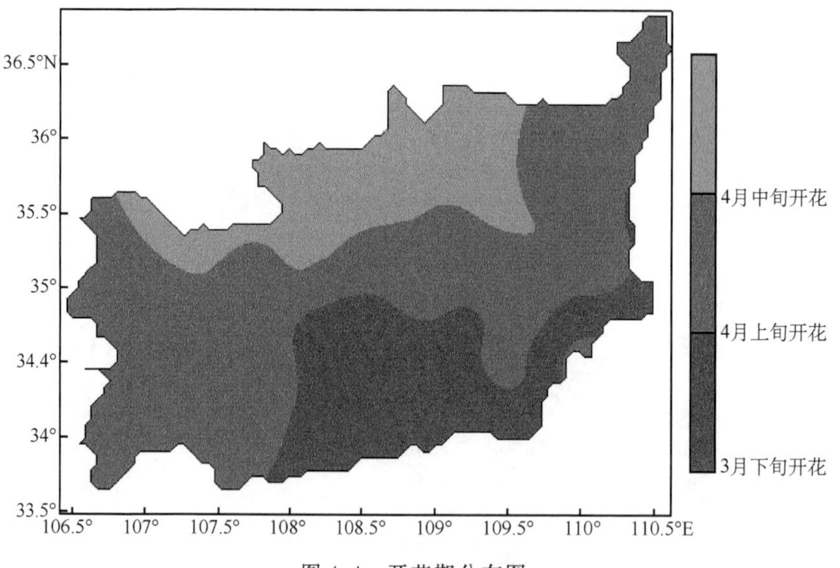

图 4.4　开花期分布图

从时间段来看，4 月中旬低温冻害风险最大，4 月中旬，渭北北部地区开花期的最低气温在－4.4～－0.9，大部分地区低于开花期低温指标，是花期低温冻害防御的关键时段。综合樱桃开花时序和低温时空分布，从南到北，樱桃开花期从 3 月下旬开始，持续到 4 月中旬结束，各地因地形地貌原因，时间有所不同，区域内樱桃花期低温冻害防御重点时段在 3 月下旬到 4 月中旬。

4.4.3　花期到坐果

从花期到低温不同临界低温指标发生情况来看(见表 4.3)，澄城、蓝田低温频率高，其余地区相当，花蕾期，蓝田低温冻害风险大，开花期，澄城低温冻害风险大，幼果期，蓝田低温冻害风险大，铜川南部地区的低温冻害风险较低，结合开花期，初步将各地花期的低温冻害风险进行了区分，见表 4.4。

表 4.3 花期到坐果低温(℃)发生频率(单位:%)

站点	花蕾期(<−2.8)	花期(−2.8,−1.7)	幼果期(−1.7,−1.1)	平均
澄城	5.7	5.3	4.0	5.0
泾阳	2.9	2.9	2.2	2.7
蓝田	7.3	4.7	5.8	5.9
眉县	2.9	2.4	2.4	2.6
耀州	3.3	2.7	2.2	2.7

表 4.4 开花期各地的最低气温及低温冻害风险

<table>
<tr><th>时间</th><th>进入物候期的地区</th><th>最低气温</th><th>指标</th><th>高风险区</th><th>低风险区</th></tr>
<tr><td>3月下旬</td><td>蒲城、韩城、大荔、渭南、潼关、华阴、泾阳、武功、三原、周至、西安、泾河、户县</td><td>−1.0～−0.2 ℃</td><td rowspan="3">−1.1～5.5 ℃</td><td>蒲城、韩城、大荔、渭南、潼关、华阴、泾阳</td><td>武功、三原、周至、西安、泾河、户县</td></tr>
<tr><td>4月上旬</td><td>白水、澄城、合阳、富平、华县、陈仓、岐山、扶风、眉县、礼泉、泾阳、乾县、兴平、长安、高陵、临潼、蓝田、耀州</td><td>−0.9～1.9 ℃</td><td>合阳、蓝田</td><td>白水、澄城、富平、华县、陈仓、岐山、扶风、眉县、礼泉、泾阳、武功、兴平、乾县、高陵、临潼、耀州</td></tr>
<tr><td>4月中旬</td><td>彬县、永寿、凤县、凤翔、千阳、陇县、长武、旬邑、淳化、永寿、宜君、铜川</td><td>−4.4～−0.9 ℃</td><td>长武、旬邑、铜川、永寿、宜君、淳化、麟游</td><td>陇县、千阳、凤县、</td></tr>
</table>

4.5 开花期数值模拟

樱桃的开花期作为樱桃生长的一个关键物候期被高度重视,开花期的长短,开花期的整齐度都与前期气温有关,从栽培管理角度看,如果没有技术的重大突破,宏观上开花期是相对稳定的,主要是受到年际间的气候变化影响,有所不同,国内外专家对果树的开花期研究较多,比如桑兹坦认为开花前的积温与开花迟早有关,日本果树学家认为果树开花期与开花前旬平均气温关系密切,有人用有效积温与果树开花期的相关性来预测花期(刘权,1983)。

大樱桃开花期间对温度要求较为严格,温度的高低会影响大樱桃花粉的萌发和花粉管的生长速度，最终影响坐果率。比如花期要避免 5 ℃以下的低温和 25 ℃以上的高温。低温会造成受精不良，严重影响产量；高温会大大降低胚的生活力，并缩短柱头有效接受花粉的时间。大樱桃是既怕干又怕涝的树种，开花期土壤相对湿度应保持在 60%～80%，空气相对湿度以 50%～60%为宜。开花期空气相对湿度过低，开花不整齐，柱头干燥，不利于受精过程的进行；湿度过高，影响花粉的散开和授粉，易诱发病害。开花期要求有充足的光照条件，光照影响棚内温度与土壤温度，良好的光照使空气与土壤保持较高的温度，有利于散粉、授粉与受精，同时有利于根系的生长与养分吸收。

本文统计分析花前旬气温，普查开花前 10～70 d 的旬气温分别与花期的相关性，发现开花前 20 d(3 月上旬)与开花前 30 d(2 月下旬)的旬平均气温相关性比较好，尤其是开花前 20 d 相关系数达到了－0.808，开花前 30 d 平均气温与开花期呈反相关，相关性达－0.45。见表 4.5、图 4.5、图 4.6。

表 4.5　开花前 10～70 日的旬平均气温与花期的相关性

开花前日数	旬	相关系数
70	1 月中旬	－0.29192
60	1 月下旬	－0.48457
50	2 月上旬	－0.05062
40	2 月中旬	0.1166
30	2 月下旬	－0.45716
20	3 月上旬	－0.808
10	3 月中旬	－0.44633

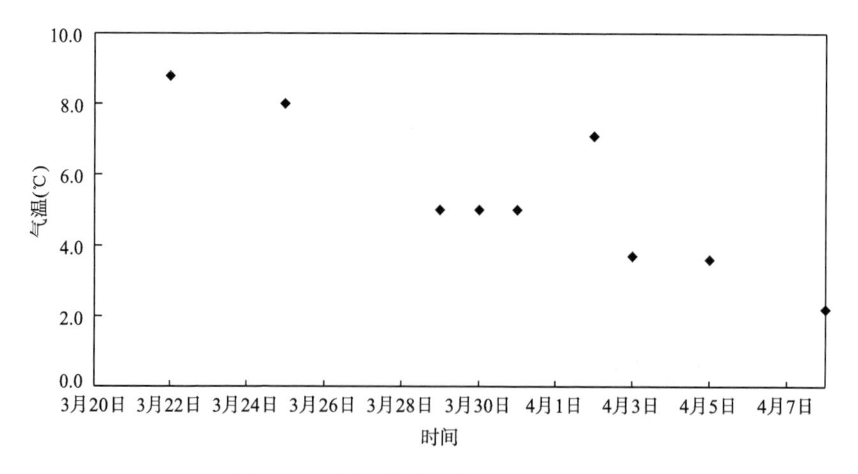

图 4.5　2 月下旬气温与开花期散点图

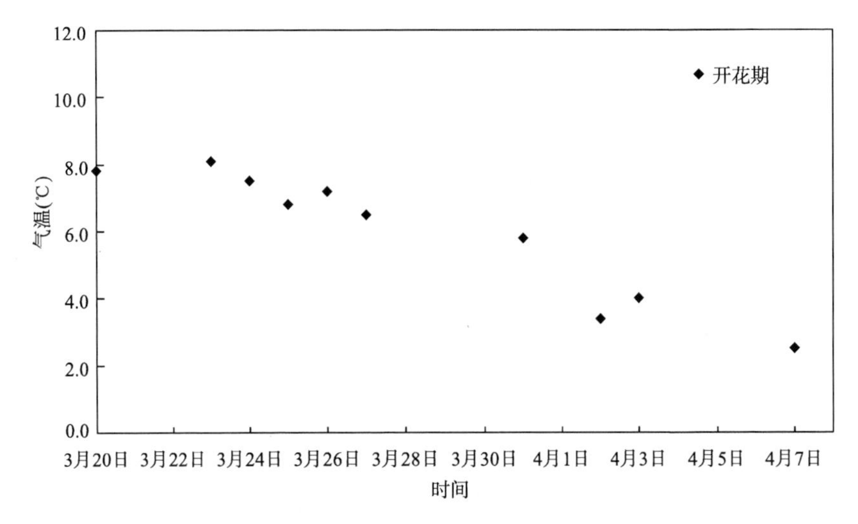

图 4.6 3 月上旬气温与开花期散点图

用统计回归方法选取了开花前 20 d、开花前 30 d 的旬平均气温作为因子，建立了开花期预测模型，为 $y=35.521-1.266x_1-0.45x_2$，其中 x_1 为开花前 20 d 的旬平均气温，x_2 为开花前 30 d 的旬平均气温，花期 y 是以 3 月 1 日为 1 开始的序数。

第 5 章　大棚樱桃小气候规律及关键期气象条件调控

设施农业是一种集约化程度较高的现代农业，通过一定的设施和技术操作管理，人为控制环境因素，为作物创造一个较适宜的生长发育空间，摆脱传统农业自然环境的制约，从而有利于实现农业生产的优质、高产、高效。

大棚樱桃栽培，20 世纪 70 年代开始，意大利、日本等国家开始甜樱桃避雨栽培研究，我国自 1990 年开始甜樱桃设施栽培，随着设施栽培技术研究的不断深入，甜樱桃设施栽培发展迅速，山东、辽宁和陕西已经成为甜樱桃设施栽培的主产区，占樱桃栽培总面积的 2.5%。山东主要以塑料大棚为主，辽宁及以北地区以温室为主。近年来，陕西省也逐步发展设施樱桃栽培，主要在关中及渭北地区，西安周边的蓝田、大荔、长安区等地，受到温湿度调控及设施栽培技术等不足的限制，仅有千余亩大棚樱桃。

陕西省设施栽培技术相对成熟的有铜川市现代农业示范区的大棚樱桃生产基地，目前全市已建成设施樱桃日光温室 60 余个，连栋大棚 2 处，包括以周陵现代农业园区为核心的大棚樱桃生产基地、耀州马咀、王益塬畔、新区中西村神农生态农业公司 4 个设施樱桃栽培示范点，栽培技术在全省比较先进，棚内温湿度调控较好，产量稳定，已形成集观光旅游采摘为一体化的现代产业。

大棚樱桃的经济效益虽高，但大棚樱桃的适宜扣棚时间和温湿度等小气候调控等的不确定，导致花期长、坐果率低、裂果率高、落果落花严重等问题，易造成减产甚至绝收。如何提高大棚樱桃的坐果、成果率，进一步提高商品率和经济效益，针对这些生产中的问题，需要提前考虑大棚栽培的气象因素及调控技术等，仅供参考。

5.1　建设大棚需要考虑的气象因素

大棚栽培樱桃是目前樱桃产业生产中经济效益较高的一种栽培方式，主要是利用冬春季温室保温性能，那么温室保温性能好坏就是首先要考虑

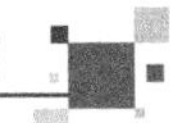

的问题。

日光温室保温性能主要取决于温室结构和建造标准，和人为调控棚内小气候以及外界大气温度等因素。温室结构如墙体材料和厚度，后屋顶材料和厚度，温室的高度和跨度，以及温室的覆盖物数量和材料质量等。

5.1.1 选址

发展大棚樱桃栽培，就是要趋利避害，充分利用本地气候资源，发挥大棚温室效应，实现经济效益最大化。

减少隐性自然灾害的影响。进行大棚樱桃栽培，是为了将樱桃的遗传潜力转变为现实生产力，为樱桃的生长提供最佳的小气候环境，使得每个生长阶段都处于最优的状态，达到高产优质高效的目标。尽管如此，大棚樱桃仍然受到自然气候资源的限制和约束，棚内的小气候环境与外界区域气候间关系密切，受到外界不利条件以及次生灾害或隐性自然灾害的影响，从而造成极大的损失，如低温冻害，高温、寡照、大风、雪灾等。

大棚建在低温风险低的开阔地或坡地。从樱桃生长期来看，外界低温对其生长有极大的不利影响，因此，建设大棚时，需要考虑低温风险低的区域，比如山地和丘陵的向阳坡平坦的区域，低温风险低，而山地、丘陵、盆地、沟底、河谷等地势低洼地段的封闭地易积聚冷空气，造成冻害。

大棚要建在空气清洁、远离污染源的地方，一定要在污染源的上游地区建设。

大樱桃生长对土壤也有要求，在土层深厚，质地疏松、肥力较高的砾质壤土、沙壤土、壤土或轻黏土壤中，根分布较深，根系发达，生长健壮。在黏重土壤上，根系发育不良，导致植株生长不良。当土壤有机质含量达到12%时，樱桃树栽后 2 年就开始结果，4 年就可丰产，最高亩产可达 2000 kg 以上，优质果品率高。当土壤有机质含量低于1%时，果个小、味道差、产量低，很难生产出优质果品。

大樱桃要求土壤为接近中性的土壤。大樱桃对盐碱地比较敏感，在这种土壤上轻者生长不良，易感缺素症，重者死亡。

5.1.2 区域气候环境特征

一个地区能否栽培樱桃，首先要总体评价区域内樱桃对气温、光照、水分等气候的适宜性，了解是否适合大樱桃生长的条件，即本地区的光、温、水资源配置，热量、水分、光照等气候特征。

大樱桃属于喜温、喜光性果树，对温度要求比较严格，对光照的要求仅次于桃，比苹果、梨更严格，喜水不耐涝，还需要清洁的空气。

樱桃生长对空气质量要求很高，大气中的粉尘、有毒有害气体都对樱桃生长发育有威胁，主要污染物有粉尘、二氧化硫、氟化氢、氯气、二氧化氮、碳氢化合物等。受污染后叶片会褪色变白，叶缘坏死，花期受到污染，容易使花瓣焦枯、花柱坏死，果实受到污染则产生变色的受害斑点，影响品质。

5.1.3 灾害性天气气候

普查区域内灾害性天气发生的时空规律，与樱桃生长期及灾害指标对照起来，开展区域气象灾害对樱桃造成危害的风险评估，尤其是对低温、大风、降雪等风险评估，间接评估樱桃生产的经济风险。

针对樱桃生长期的限制性生态因子，评估对其进行人为调控的能力和最大水平，确定一套最佳的改善和优化灾害的方案，比如，某个区域2月容易出现大范围低温，而大棚樱桃正好处于开花期，就需要掌握温度调控的技术方法，编制一套降低低温风险的加温方案。

5.1.4 棚内温湿度监测及调控

5.1.4.1 温度调控

(1)空气温度

设施栽培樱桃，小气候的调控很重要，要实时监控小气候变化。设施甜樱桃升温至萌芽期，昼温控制在10～15 ℃，夜温3～5 ℃；开花期，昼温控制在15～18 ℃，夜温5～7 ℃；幼果期，昼温控制在18～22 ℃，夜温7～10 ℃；成熟期，昼温控制在22～25 ℃，夜温10～15 ℃，果实着色以后，昼夜温差要在10 ℃以上，促进糖分的积累，有利于提高果实品质(张东升等，2007；杜厚林，2008)

设施内的温度通过开闭放风口或通风窗来调节。放风不仅能够调节棚室内的温度，而且能通过空气流通调节湿度，补充棚室内的二氧化碳。

放风时，首先选择上风口，如果棚室温度过高，开上风口仍不能使温度降到适宜温度，就要及时打开后墙通风窗，或腰部风口，或前底脚放风。成熟期，夜间可以通过揭开前底脚棚膜通风降温。要注意的是，升温至开花期间，避免采取底部放风方法调节温度，否则外界冷空气直接通过地面，影响地温的提升。

低温寡照的情况下，设施内最低温度以不低于2 ℃为好。气温过低，可以设燃烧炉，将排烟管道铺设到棚内，燃烧木材或煤炭、谷壳等燃料，管道尾端用引风机吸引热风来提高温度。除此之外，利用暖气加温也是行之有效的方法。

白天充分利用阳光，使温室树体、墙体、地面获得最大范围的光照，积蓄热量。

(2)土壤温度

地膜覆盖。甜樱桃的根系在 0 ℃时开始活动，5 ℃时能产生新根，7.2 ℃时营养物质开始向上运输，适宜生长的温度条件为 18 ℃。温室条件下，升温前期地温上升迟缓，地温不能满足根系生长要求。树体地上部分与地下部分生长不协调，花期延长，坐果率低下。地膜覆盖是提高地温的一项行之有效的措施，但不同类型地膜增温效果不同，以无色地膜增温幅度最高，增温3～5 ℃；其次是黑色地膜，增温 1～3 ℃(刘坤等，2011)。据调查，在覆盖地膜的基础上，树下扣无色薄膜拱棚可以更有效地提高土壤温度，使开花期提早二三天。

台田或起垄栽植。笔者调查，温室条件下，台田栽植增加了土壤的受光面积，土壤温度高于平作 1～3 ℃，根量增加。

挖防寒沟。在温室内前底脚设防寒沟可以中断土壤横向热传导，使地温处于稳定状态，室外地温对室内地温影响较小。温室内四周离墙基 6 m 范围内的地温均受室外地温影响。防寒沟深 1 m 左右，宽 50～60 cm，沟内填入猪粪、羊粪、秸秆、豆饼等。有机肥在发酵过程中释放热量，使温室内温度提高 2 ℃，还能增加二氧化碳含量。

秸秆反应堆的应用。设施条件下，秸秆反应堆技术对提高地温、提高坐果率、改善品质方面均有明显效果，地温提高 2～4 ℃，坐果率提高 3.7%～7.7%，果实成熟期提早 5～7 d，单果重平均增重接近 1 g(葛光军等，2008)。增施生物菌肥也是提高地温的有效方法，可以使温室内土壤温度提高 1～2 ℃。

5.1.4.2　湿度调控

(1)空气湿度

温室内不同时期对空气湿度要求不同。开花前要求较高湿度，为 70%～80%；花期 50%～60%，过高会影响花粉的散发，并易诱发病菌的滋生，发生花腐病；坐果后 40%～50%，防止湿度过大诱发灰霉病、细菌性穿孔病等病害的发生。开花前，于上午 9 时左右及下午 2 时左右向过道、墙面喷水，是增加棚内湿度有效措施。

(2)土壤湿度

在生长期内，土壤相对湿度 60%～80%对樱桃生长最为有利。于升温前后的 3～5 d 内灌 1 次透水，当水完全渗下后，全园覆盖地膜保墒。以后视土壤墒情状况，进行膜下小水灌溉。

5.1.5 休眠期需冷量及扣棚时间

5.1.5.1 休眠期需冷量

需冷量是打破落叶果树自然休眠所需的有效低温时数或冷单位，近年来，国内外不少学者研究了不同的落叶果树品种和砧木等的休眠期需冷量。

一般地，在气温 0 ℃～7.2 ℃条件下，达到 200～1500 h 时，大多果树都可以通过休眠。但是由于植物本身的生态适应性，以及不同地区的气候环境对植物体内生理代谢的影响进程不同，使得落叶果树需冷量具有遗传性，在不同果树树种、品种间存在显著差异，即使是同一果树树种、品种在年际间也存在差异，不同地区之间差异更大。并且短暂高温能使休眠期延长，每年冬季最高、最低温度变化可能造成同一品种需冷量的年际间差异。

在设施栽培条件下，为了尽快提早开花，果品提早上市，选择低需冷量并且果实发育期短的优良品种为宜（王海波等，2009）。如果需冷量不足时，提前打破休眠进入生长，将导致生长发育障碍，开花不整齐，花期延长，坐果率低，影响产量和经济效益。

因此，设施大樱桃栽培，需冷量的估算研究显得十分重要，需要根据需冷量的达标时间为基础来确定设施樱桃的扣棚期，同时，需冷量的高低还影响成熟期的早晚，因此，大樱桃需冷量估算已经成为设施栽培成败的关键（谭钺，2010）。

目前，计算大樱桃打破自然休眠（内休眠）所需的有效低温时数（即需冷量），有四种方法，0～7.2 ℃模型和犹他模型是应用较广的模型，动力学模型是目前较为完善的模型，0～14 ℃低温模型，正犹他模型和改进的犹他模型是针对当地特殊气候而采用的一些模型（庄维兵等，2012）。

然而，果农对樱桃自然休眠的生理机制和解除，及植物体内生理和外在环境因素的关系还不是很清楚，什么程度的低温，必须多少时间以及计算需冷量的起始时间如何才算适宜，在不同气候背景的地区是不同的，不能一概而论（欧阳汝欣等，2002，2004）。

刘仁道等人采取甜樱桃不同品种的枝条放入 4 ℃的冰箱中进行低温处理，然后将枝条放入组织培养室中培养，统计萌芽数，结果表明，“雷尼”“佳红”等大部分的甜樱桃品种需冷量都是 792 h，“拉宾斯”是 624 h，“红灯”是 960 h，“先锋”是 1128 h，“萨米脱”是 1296 h（刘仁道，2009）。土耳其学者研究表明，“拉宾斯”和“萨米脱”在 7.2 ℃以下低温的小时数分别为 400～450 h和 650 h。

姜建福（2009）利用＜7.2 ℃模型、0～7.2 ℃模型和犹他模型分别对烟台农业科学院果树试验园、中国农业科学院郑州果树研究所试验园和浙江

省金华市浦江农业生态科技示范基地三个生态区的极早熟品种早红宝石、早熟品种红灯和晚熟品种拉宾斯休眠期低温累积量进行计算(Weinberger，1950；Richardson，1974；王力荣等，2003)。采用五日滑动平均法计算出秋季日平均温度稳定通过7.2 ℃的日期，以此作为初始日利用<7.2 ℃模型和0～7.2 ℃模型计算低温累积量；而犹他模型的初始日是秋季日低温单位累积量负值达到最大值的日期，但三种模型计算的低温累积量终止日都是指花芽萌动期。

5.1.5.2　解除休眠和升温

设施栽培条件下的樱桃休眠属于被迫休眠，受到外界气候影响，各地的气候条件差异很大，需冷量的达标时间不同，扣棚及升温的时间差异较大，设施甜樱桃解除休眠的时间可以依预定的成熟期和当地小气候条件进行调节。从我国露地樱桃栽培地区的气候条件看，樱桃树在7.2 ℃以下低温的气候条件下，累积900～1400 h就可完成冬季休眠，而大连、山东等地区的大棚樱桃在需冷量达到400～600 h的时候就可以提前扣棚，李淑珍(2005)等人指出当秋季夜间气温持续在7.2 ℃以下时开始扣棚，初步确定了陕西等地区设施甜樱桃、桃、葡萄、李和杏等落叶果树的适宜扣棚及升温时间。山东鲁中山区温室大樱桃扣棚时间在12月中下旬，升温时间在次年1月上旬，建议在该时期强冷空气来临之前扣棚，满足需冷量后开始升温，当满足0～7.2 ℃模型的需冷量为484 h时就可以扣棚升温(贾化川等，2014)。

5.1.6　设施类型与结构

设施类型主要有两种：日光温室和塑料大棚。温室为东西走向，竹木结构或钢架结构，竹木结构屋面平斜式，钢架结构屋面圆拱式。脊高4.5～5.5 m，跨度9～14 m，长50～150 m。墙体厚度50～100 cm，后坡仰角40°～50°。棚室面积666.7～2000 m^2。应注意的是，随着纬度的升高，要增加墙体厚度，提高保温性能；跨度超过9 m，每隔6～10 m立一根支柱，增强抗压能力。为更好的调节设施内温湿度，后墙上必须留通风窗。窗的面积600～3000 cm^2，每隔4～6 m 1个。窗的面积小，窗的间距就要适当小。

塑料大棚为南北走向，树体光照条件好，利于保温、抗风。钢架结构或竹竿与钢架结合；中柱为镀锌钢管或水泥柱。大棚脊高5～6.5 m，肩高1.5～3.5 m，跨度12～16 m，中柱间距为4～6 m。面积在1000～2000 m^2。冬季覆盖草苫或保温被，以提高并保持棚内温度。

5.1.7　棚内建立自动化小气候实时监控系统

设施樱桃栽培，关键是要随时监控大棚内小气候变化情况，并及时进行调节，满足作物的生长需求。监测温室小气候及外界气象条件的变化有助于有效的温室调控管理，尤其是低温寡照、强降温等灾害性天气的监测与调控，已经成为设施农业栽培成败的关键技术（孙智辉，2004；李春等，2009；魏瑞江等，2008；杨艳超等，2008）。

棚内温湿度的自动化监测十分重要，随着设施农业的发展，大棚内的小气候监测已向自动化温湿度监测报警仪等现代电子测控仪表转变，逐渐替代传统的监测仪器和技术，现代电子测控仪表功能强，使用方便，可以通过棚内的监测传感器，将棚内监测数据发送到棚外，利用电脑、手机等数据显示终端集中显示，便于值班管理员在棚外随时监测棚内的温度变化等情况，使棚内温度的管理调控更加科学规范化，大幅度降低劳动强度，是集约化的现代农业发展的一大特点。

5.1.8 提高温室的保温性能

大棚小气候，是农田小气候的一种，是指采取各种人为措施控制或改变的局地气候环境。主要是通过改变下垫面的辐射特性、温湿状况和动力条件等使其有利于人类活动和植物生长。主要指农田贴地气层、土层与作物群体之间的物理过程和生物过程相互作用所形成的小范围气候环境，常以农田贴地气层中的辐射、空气温度和湿度、风、二氧化碳以及土壤温度和湿度等农业气象要素的量值表示。大棚小气候是影响单位面积农作物生长发育和产量的重要环境条件。研究大棚小气候的理论及其应用，对作物的气象鉴定，农业气候资源的调查、分析和开发，农田技术措施效应的评定，病虫害发生滋长的预测和防治，农业气象灾害的防御以及小气候环境的监测和改良等，均有重要意义。

日光温室是构成大棚小气候的重要设施，其热量来源主要是太阳辐射能，一方面需考虑让尽可能多的太阳辐射能进入室内，另一方面要使进入室内的热能尽量减少向外散失，要提高大棚温室的采光、保温性，主要措施有：

(1)温室的后墙和后坡是寒风侵袭的主要部位，保温性能好坏对温室内温度影响很大。因此后墙外要增加培土，培土层的厚度与当地冻土层的厚度相当，最大限度降低导热系数，减轻温室内热量的散失。后坡上采用多层保温轻体材料，如秸秆、稻草等，并适当随天气变化增加厚度，降低热传导率。

(2)后墙外夹设风障，并在后墙与风障外填满乱草、稻壳，以减轻风势。

(3)日光温室前屋面覆盖的塑料薄膜最好选用0.1 mm左右厚的聚氯乙烯薄膜。聚氯乙烯膜对于地面反射的长波辐射透过率比聚乙烯薄膜小，所以保温性能好于聚乙烯薄膜。

(4)前屋面外部在夜间覆盖草苫、纸被等保温材料。

(5)温室内使用多层覆盖。有条件的可以覆盖无纺布内保温幕,无条件的可用聚乙烯塑料薄膜代替,即在温室棚膜下面20～25 cm处纵向或者横向拉几道细铁丝,铁丝上面铺塑料薄膜,夜间展开,白天拉向两边,室温可提高2 ℃。在此基础上,地面再扣小拱棚,保温效果更好,又可增温2～4 ℃。

(6)在温室前窗外侧设防寒沟,防止室内土壤向外传热。防寒沟距前窗10 cm,沟深30～40 cm,宽30 cm,沟内填入炉渣、乱草、马粪、稻壳等物,踏实后盖土封严,盖土厚15 cm以上。

5.2　大棚樱桃生产气象条件及调控技术研究实例

铜川市2010年开始,进行大棚樱桃试验种植,在部分地区建成樱桃大棚,截至2012年,全市已发展设施樱桃61棚,见表5.1,其中印台三联公司10棚面积6亩;王益塬畔村8棚9亩;耀州马咀村30棚24亩;新区神农公司9棚11.3亩,宜君彭镇西村3棚1.5亩。

表5.1　铜川示范区设施樱桃大棚情况简介

基地名称	设施种类	扣棚数量	面积	升降温方法	设备数量
新区神农公司	简易温室	8	10亩	自然	
	简易温室	1	1.3亩	空调	1
耀州马咀村	简易温室	30	24亩	热风机	30
王益塬畔村华硕	简易温室	4	4亩	热风机	4
	塑料大棚	4	5亩	自然	
印台三联公司	简易温室	4	2.4亩	空调	4
	简易温室	6	3.6亩	自然	
宜君彭镇	简易温室	3	1.5亩	自然	

注:三联公司栽植密度2×2 m,每棚80株。(设施长50×7 m)

神农公司栽植密度3×1.5 m,每棚株数150株。(设施长79×10 m)

华硕公司栽植密度3×1 m,每棚株数132株。(设施长45×9 m)

铜川地处渭北高原,冬季低温、大风和降雪严重影响大棚樱桃的生产,设施樱桃以简易大棚为主,管理不精细,在气候变化的大背景下,春季低温、阴雨等极端天气事件不断增强,严重影响了设施樱桃的生产管理,从2011—2012年设施樱桃生产的收益情况看,没有达到预期的目标,亩产量仅为大田的5%。尽管单价是大田樱桃的10倍以上,但产量低,效益并不高。

加上农户没有足够的经验，管理水平较差，只有少量加温或者不加温，造成大棚樱桃对外界气候变化的应对能力弱，没有足够的冻害抵抗能力，容易受到冻害，樱桃总体产量低，有的甚至绝收。

此项目研究的目的是在铜川气候状况下，探索樱桃大棚内气候变化规律，樱桃生长期对气温等要素的最佳要求。本文以铜川大棚樱桃生产为例，具体阐述生产中的气象问题及调控技术措施。希望通过调控措施减少生产的成本投入，并将成果推广到全市的大棚樱桃栽培中，可以较好地指导棚户生产，让农户少走弯路，减少不必要的经济损失，有效增加农业经济效益，制定气象条件调控技术手册，为全市做大做强樱桃产业提供关键性的技术措施。

5.2.1 材料及处理

大棚樱桃栽培试验观测时间为 2012 年 12 月至 2013 年 5 月，地点为陕西省铜川市周陵现代农业园、耀州区马咀现代农业示范园、塬畔园宜现代示范园、新区神农生态园，选取 1 个人工智能棚，1 个日光温室棚，将红灯等早熟樱桃品种的花期和果实生长期气象条件和露地樱桃进行对比分析研究。

从表 5.2 看出，马咀、周陵、塬畔、坪新（神农示范区地处坪新村，因此书中神农和坪新指同一个地方，下同）四个大樱桃示范区的年平均气温在 10.5～12.2 ℃，属于樱桃的适宜生长气候区域，年最低气温在－16.7～－15.5 ℃，高于大樱桃能忍受的最低气温－20 ℃。

表 5.2　铜川大棚樱桃示范区地理位置及气候特点

地址	年平均温度(℃)	降水量(mm)	光照时数(h)	年最低气温(℃)	经度(°E)	纬度(°N)	海拔高度(m)
马咀	11.9	660	2258.2	－15.8	108.9	34.9	908
周陵	10.5	585	2350.6	－16.7	109.1	35.1	1014
塬畔	11.3	550	2255.3	－15.5	109.0	35.0	970
神农	12.2	630	2260.7	－16.5	108.9	34.9	778

周陵（东经 109°09′34″，北纬 35°07′28″，海拔高度 1014 m）实验棚为人工智能温室棚，拱圆形钢架结构塑料温室，棚长 50 m、宽 9 m、顶高 3.2 m、棚膜为 pvc 无滴膜。观测仪器为北京华云公司生产的 CAWS600 型自动温湿度观测仪，观测项目为大棚内距地面高 1.5 m 气温（称为大棚温度，下同），湿度，10 cm、30 cm、50 cm 地温，十分钟观测数据，取整点观测数据进行分析。

马咀（东经 108.9，北纬 34.98，海拔高度 908 m）试验棚为自然温室棚，

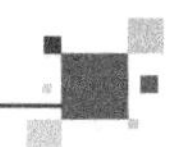

为拱圆形钢架结构塑料温室，棚长 70 m、宽 9 m、顶高 6 m、pvc 无滴膜覆盖，采用成都鑫芯科技有限公司的 XXTC2-485 自动化温湿度监测报警仪器，悬挂在大棚中心 1.5 m 高度处进行观测，每 10 分钟观测一次，取整点观测数据进行分析。

大棚外露地观测为区域自动站无任何遮挡下距地面高 1.5 m 的气温（称为棚外大气温度，下同），为了对比观测，仪器的安装尽量按中国气象局地面气象规范进行，资料为逐小时正点自动观测，与常规大气观测站的自动气象站观测时间对应。观测在两个大棚内同时进行，两个棚都有根据天气变化进行揭膜与闭膜的处理。常规大气观测资料来源于铜川市铜川和耀州区两个气象观测站。经过三种仪器对比观测，数据是一致的，可以进行比较。

5.2.2 不同栽培处理方式说明

5.2.2.1 露地栽培

露地（大田）樱桃，秋季落叶，进入休眠，春季休眠解除后，进入萌芽开花生长期，5 月上中旬成熟上市。历年发育期时间为：3 月上中旬开始萌芽，开花期 4 月 1—10 日，幼果期 4 月中下旬，膨大成熟期 5 月 10—15 日。

5.2.2.2 自然日光温室栽培

完全依靠温室效应，无加热降温设备的自然条件下的保护地栽培方式，自然条件下樱桃树体解除休眠后利用温室效应即半人工干预的自然日光温室栽培，即在樱桃需冷量基本达标后，开始扣棚升温，在经过一周暗期适应后，进入萌发生长。2012 年 12 月中旬扣棚升温，2013 年 1 月下旬萌芽，2 月上旬开花，3 月进入果实膨大期，3 月中下旬成熟。

5.2.2.3 人工智能温室栽培

有降温加温设施的日光温室栽培方式，采用降温设施提前降温蓄冷，促使樱桃提前进入休眠，再利用加热设备将温度调控在树体适宜的生长范围内，完全人工干预的人工智能棚温室栽培。

大棚樱桃通过人工降温制冷方法，使之提前休眠、提前萌芽、开花挂果、提前成熟，温度和湿度的控制采取智能化调控，这是区别于自然棚的关键。周陵现代农业示范园区，人工智能日光温室大棚樱桃，从 2012 年 11 月开始强迫降温，降到了 7.2 ℃以下，到 12 月 11 日扣棚升温，元月 10 日芽体萌动，2013 年 2 月 25 日开始成熟。

5.3 不同天气条件下示范区棚内温度特征分析

5.3.1 资料处理与计算方法

本研究应用的资料时间段为2012年1月到2013年4月。樱桃根系主要分布在0～60 cm层，20～40 cm土层为根系密集层，因此本书主要分析1—3月不同天气条件下棚内气温、相对湿度和10～30 cm土层温度变化情况。在马咀、神农、周陵选取三个大棚，对棚内外温度变化情况进行对比分析。

目前我国发展日光温室主要是利用覆盖材料对太阳短波辐射的透射率较高，在短时间内能提升温室内的温度到植物需要的指标范围。一般地，透射率可以达到80%～90%左右，而温室内部地表及作物向外的长波辐射则很少透射出去，日光温室的增温作用主要与太阳短波辐射有关，即在一定的天气状况下，棚内外温差随着太阳高度角的增加而增加，即随着太阳辐射强度的增加而迅速增加。不同的天气条件下，太阳辐射到达地表的强度不同，会影响棚膜的增温效果。

进行樱桃的设施栽培，对气候条件的依赖程度较高，不同天气条件下棚内小气候变化不同，受灾害性天气影响较大，尤其是低温、寡照、阴雨(雪)等气象灾害发生频率高，对日光温室生产带来严重影响，且不同区域气候条件差异明显。因此，系统性地了解并掌握日光温室气候变化规律，为合理布局设施樱桃生产和充分利用气候资源提供科学依据。

一般采用云量来划分天空状况，本文按日照时数分类标准将天气状况分为3级：即日照百分率$S \geqslant 60\%$为晴天，$20\% \leqslant S \leqslant 60\%$为多云到少云，$0 \leqslant S \leqslant 20\%$为阴天或雨天。

5.3.2 晴天条件下不同示范区棚内温度变化特征

依据各个示范区的观测实况资料，从2012年1—3月温室内外气温对比看，晴天条件下，2月棚内温室效应最好，1月次之，3月最低。下面对不同月份棚内外气温的日际变化、月际变化分别进行比较分析。

5.3.2.1 晴天下气温日变化特征

图5.1为2012年1月24—28日(日照时数为6.3～9.5 h，平均为8.1 h，日照百分率为81%)耀州区马咀大棚内气温，棚外气温、棚内10 cm

地温逐时变化情况。由此看出，晴天条件下，从日落到日出前，棚内温度比外界大气温度高 10.5～13.9 ℃。随着太阳高度角及大气温度的上升，棚内气温快速升高，至午后 15—16 时达到最高，之后随着太阳高度角及大气温度下降，气温又迅速下降，白天棚内温度比外界大气温度高 13.3～23.5 ℃。棚外日最高温度出现在 13—14 时，棚内日最高气温比棚外延长 2 h 左右，在 15—16 时。棚内日最高气温 24.3 ℃，比棚外偏高 28.8 ℃。

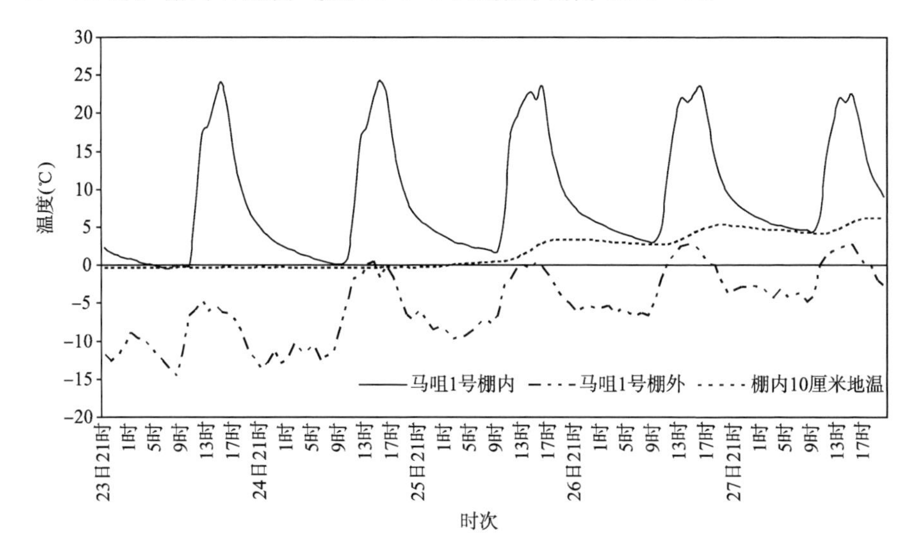

图 5.1　2012 年 1 月 24—28 日大棚内外晴天时温度逐时变化

棚内气温日较差在 18.1～24.6 ℃，棚外气温日较差在 7.5～14.2 ℃，棚内气温的日变化远远大于棚外气温的日变化。

从棚内不同层次地温看，10 cm 地温较 30 cm 和 50 cm 地温的日变化幅度较大，其中 10 cm 地温比棚外高 1.4～5.3 ℃，日变化在 2～4 ℃，小于棚外日变化幅度。30 cm 的地温日变化为 1～2 ℃，50 cm 地温一天中比较平稳，变化小。

5.3.2.2　晴天下气温月变化特征

从 2013 年 1 月晴天（日照时数大于 6 h，日照百分率大于 60%）条件下大棚内外温度 24 h 平均逐时变化（图 5.2），可以看到，1 月份大棚内外气温的逐时变化趋势基本一致，各地大棚内平均气温比棚外气温高 9.9～14.8 ℃。夜间（21—8 时），棚内马咀平均气温 4.3 ℃，神农 6.9 ℃，周陵 13.9 ℃，各地棚内温度比棚外提高了 9.9～14.8 ℃。白天（8—20 时），棚内气温比棚外提高 12.7～14.8 ℃，马咀棚内平均气温 14.9 ℃，神农 15.3 ℃，周陵 18.6 ℃。上午 8—9 时，棚内气温达到最低，随着太阳高度角上升及大气温度上升，大棚内气温快速升高，即 9—10 时快速上升，11—16 时棚内气温较高，维持在 20 ℃以上。日变化曲线呈双峰型，棚内 11—12 时和 15—16 时为两个高温时段。

大棚外夜间气温在 -5～0 ℃，日最低气温出现在 8 时，9 时以后，气温开始上升，15 时达到日最高气温，呈单峰型。

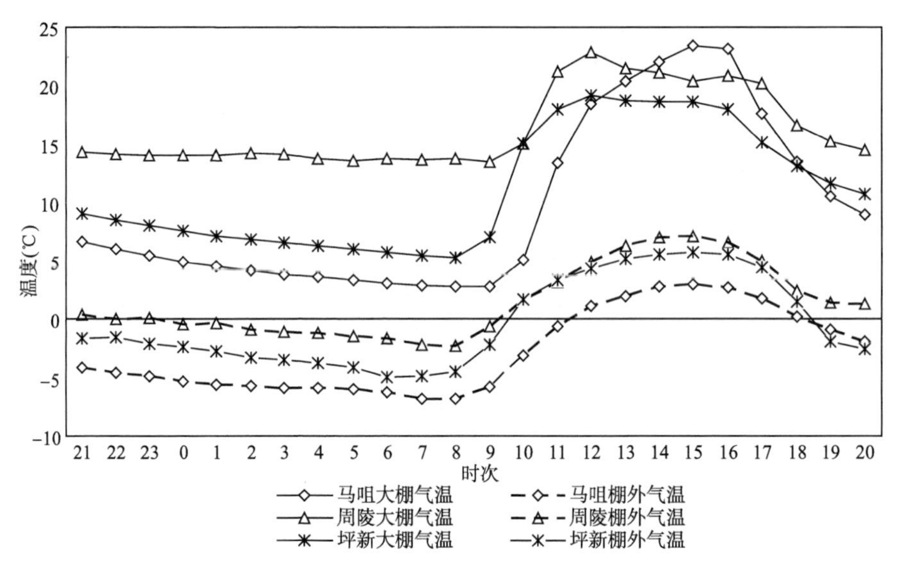

图 5.2　2013 年 1 月晴天条件下大棚内外温度 24 小时平均逐时变化曲线

晴天时，棚内气温日变化(最高气温与最低气温之差)存在地区差异，日变化幅度为 9.4～20.6 ℃。马咀棚内日变化幅度 20.6 ℃，神农 13.9 ℃，周陵 9.4 ℃，马咀棚内日变化最大，周陵最小，神农居中。从不同示范区大棚内外气温逐时次温差来看，见图 5.3，11 时到 16 时温差较大，各地因地形等有所不同，马咀 15 时最大温差 20.4 ℃，周陵 11 时最大温差 18.1 ℃，神农 12 时温差最大，为 14.9 ℃。各地最小温差在 20—10 时，为 8.21～13.2 ℃。从地区差异来看，马咀温差最大，其次是周陵，神农最小。

1 月，棚内平均最高气温出现在 12—15 时，棚外平均最高气温出现在 15—16 时。棚内最高气温比棚外提前 2～3 h。马咀大棚内最高气温出现时间比神农、周陵偏晚 3～4 h。

从马咀、坪新、周陵三个地区大棚内外逐时气温变化曲线看，基本趋势一致，呈单峰型曲线。但从不同地区气温来看，夜间棚内马咀气温最低，其次是坪新，周陵气温最高；白天，周陵气温最高，其次是坪新、马咀气温最低。

各地大棚内气温平均比棚外气温高 13～16.1 ℃。夜间 21—8 时，棚内马咀平均气温 4.3 ℃，神农 6.9，周陵 13.9 ℃，各地棚内温度比棚外提高了 9.9～14.8 ℃。白天，棚内气温比棚外提高 12.7～14.8 ℃，马咀棚内平均气

温 14.9 ℃，坪新 15.3 ℃，周陵 18.6 ℃。不同地区白天和夜间棚内外温度趋势基本一致，周陵棚内提温效果最好。见表 5.3。

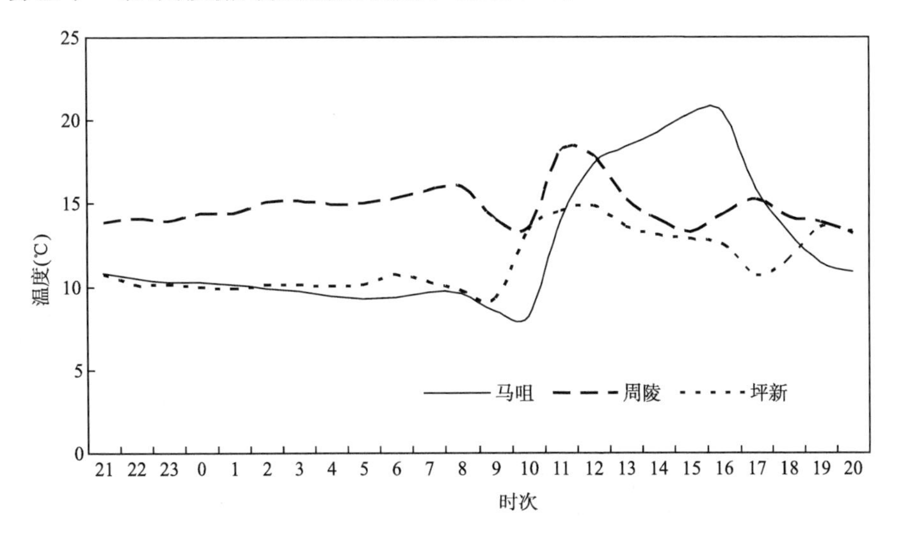

图 5.3 1月晴天时不同示范区棚内外温差的逐时分布

表 5.3 晴天不同示范区白天和夜间棚内外平均气温对比(单位:℃)

月份	时段	马咀		周陵		神农(坪新)	
		棚内	棚外	棚内	棚外	棚内	棚外
1月	夜间(21—8时)	4.3	−5.6	13.9	−0.9	6.9	−3.3
	白天(8—20时)	14.9	0.1	18.6	3.9	15.3	2.6
2月	夜间(21—8时)	8.3	−3.5	14.4	0.9	9.4	−0.8
	白天(8—20时)	17.3	1.3	18.7	4.8	18.5	6.2
3月	夜间(21—8时)	12.6	4.6	13.3	6.3	13.3	7.5
	白天(8—20时)	20.8	13.8	20.3	15.5	20.9	15.7

图 5.4 为 2013 年 2 月晴天条件下大棚内外温度 24 小时平均逐时变化曲线图，从曲线看，棚内温度的日变化周期和 1 月的趋势基本一致，呈双峰型。随着时间变化棚内气温变化曲线与棚外的大气温度曲线在下午 16 时至次日 10 时接近平行，只有在中午 11 时到 16 时，两者曲线距离才逐渐加大。

从 2 月份晴天时大棚内外温差的变化看，各地大棚内气温平均比棚外气温高 10.2～13.9 ℃，其中夜间 21—8 时，棚内平均气温比棚外偏高 10.2～13.5 ℃，白天，棚内平均气温比棚外偏高 12.3～16.0 ℃，11—16 时，偏高幅度较大，在 16.4～20.2 ℃。

棚内日变化幅度为 8.1～16.9 ℃，马咀棚内日变化幅度 16.9 ℃，神农 14.4 ℃，周陵 8.1 ℃，马咀棚内日变化最大，周陵最小，坪新居中。马咀棚内

气温日变化幅度大于棚外为 8.8 ℃,周陵棚内外日变化幅度基本一致,神农棚内气温日变化比棚外高 3.6 ℃。

2 月,棚内最高气温在 12—13 时,棚外最高气温出现在 15—16 时。棚内最高气温比棚外提前 3 h 左右,马咀棚内最高气温出现时间比坪新、周陵偏晚 3~4 h。

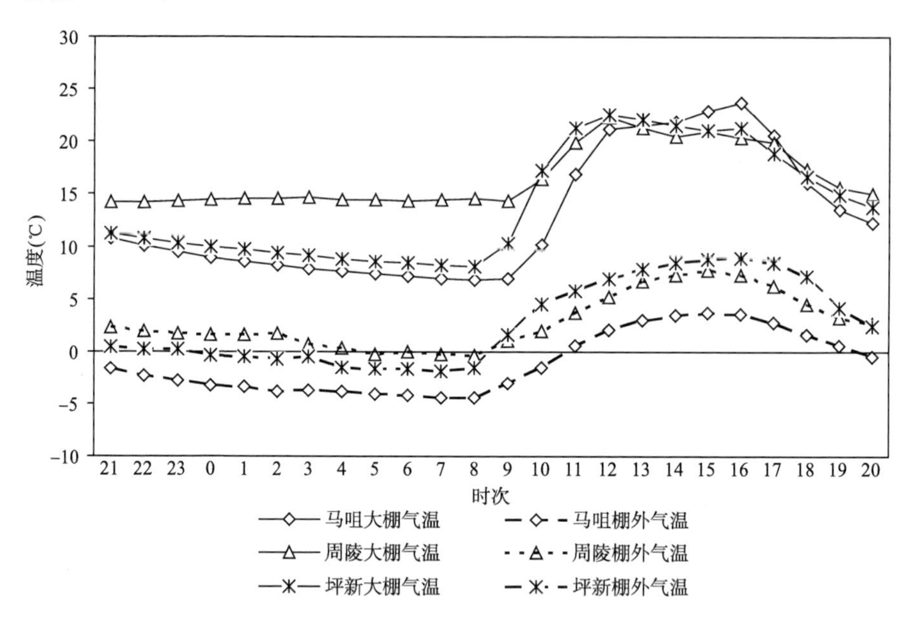

图 5.4　2013 年 2 月晴天条件下大棚内外温度 24 小时平均逐时变化曲线

2013 年 3 月晴天条件下大棚内外温度 24 小时平均逐时变化曲线图(见图 5.5)显示,温度的日变化周期呈单峰型。随着时间变化棚内气温变化曲线与棚外的大气温度曲线接近平行,在中午 10 时到 16 时,两者曲线距离略微加大,棚内外气温差异小于 1 月和 2 月。各地大棚内平均气温比棚外气温高 5.4~7.5 ℃,其中夜间 21—8 时,棚内气温比棚外偏高 5.7~7.9 ℃,白天棚内平均气温比棚外偏高 4.8~6.9 ℃,11—16 时,棚内外气温差异最大幅度为 7.0~10.9 ℃。

棚内日变化幅度为 11~13.5 ℃,与棚外日变化幅度相当。马咀棚内日变化幅度 13.5 ℃,神农 12.3 ℃,周陵 11 ℃,马咀棚内日变化最大,周陵最小,神农居中。

3 月,棚内气温最高时段在 11—13 时,棚外最高气温在 15—16 时。棚内最高气温比棚外提前 3~4 h。神农最高气温出现在 13 时左右,比马咀、周陵偏晚 1~2 h。

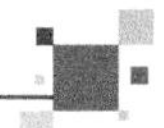

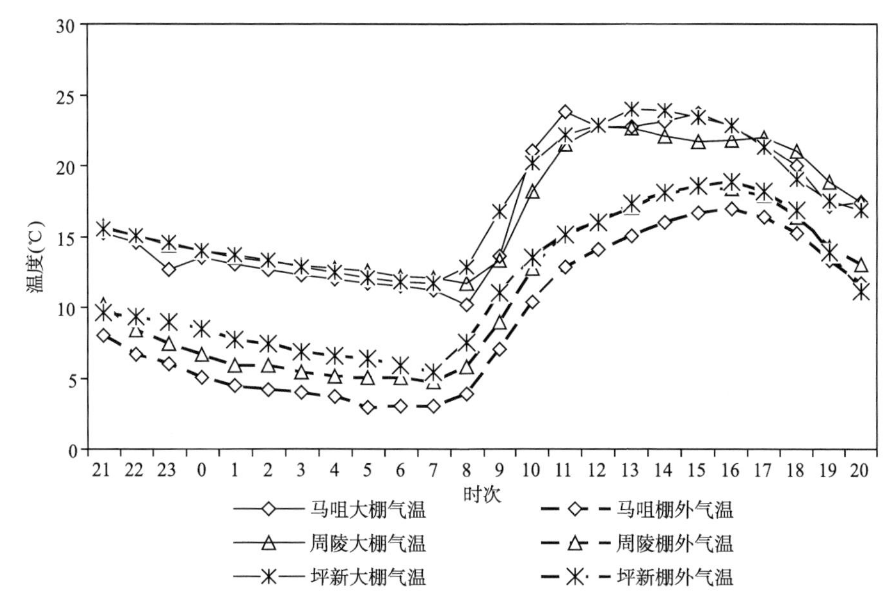

图 5.5 2013 年 3 月晴天条件下大棚内外温度 24 小时平均逐时变化曲线

5.3.3 多云到少云条件下不同示范区棚内温度变化特征

依据各个示范区的观测实况资料，从 2012 年 1—3 月温室内外气温对比看，多云或少云天气下，2 月棚内温室效应最好，1 月次之，3 月最低，见表 5.4。下面对不同月份棚内外气温的日变化、月际变化分别进行比较分析。

5.3.3.1 多云到少云条件下气温日变化

图 5.6 为 2012 年 1 月 7—9 日(日照时数为 3.3～5.6 h，平均为 4.7 h，日照百分率为 47%)耀州区马咀大棚内气温，棚外气温逐时变化情况。由此看出，多云或少云条件下，从日落到日出前，棚内温度比外界大气温度偏高 9.8 ℃，随着太阳高度角及大气温度的上升，11 时开始，棚内气温快速升高，至午后 12—15 时达到最高，之后随着太阳高度角及大气温度下降，16 时后气温又迅速下降，白天棚内温度比外界大气温度高 14.3 ℃。棚外日最高温度出现在 12—14 时，棚内日最高气温比棚外提前 1～2 h，在 11—12 时。棚内日最高气温 26.6 ℃，比棚外偏高 22 ℃。

棚内气温日较差在 17.9～23.1 ℃，棚外气温日较差在 7.0～10.2 ℃，棚内气温的日变化大于棚外气温的日变化。

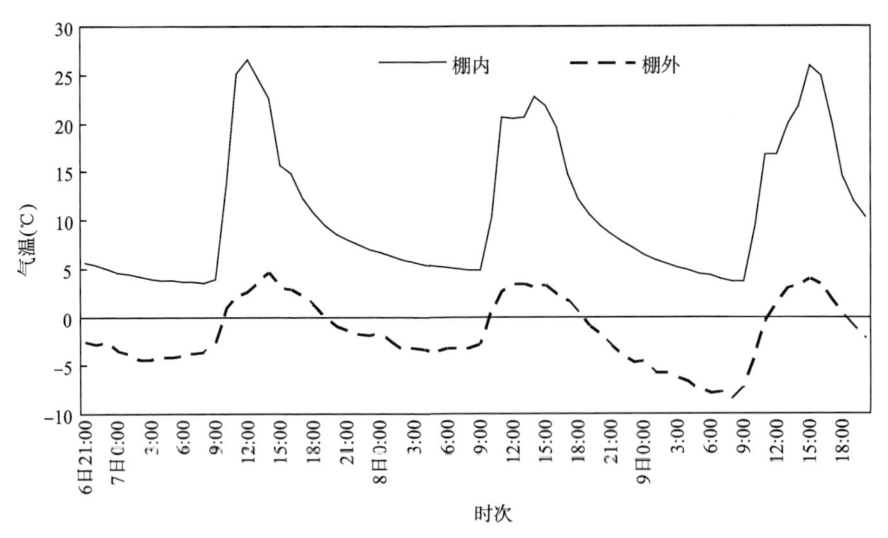

图 5.6　2013 年 1 月 7—9 日多云情况下耀州区马咀棚内外气温逐时变化

5.3.3.2　多云到少云条件下气温月变化

由图 5.7 可见，1 月份，多云或少云天气下，夜间棚内平均气温比棚外高 3.5～11.0 ℃，白天平均气温比棚外高 7.9～12.4 ℃，棚内日最高气温 12.6～20.4 ℃，大棚内气温日较差有地区差异，坪新大棚内日较差最大，马咀棚内外日变化次之，周陵棚内日变化最小。从 24 小时棚内外气温的变化差异看，周陵夜间棚内保温效果好，坪新次之，马咀最低，白天坪新提温效果最好，周陵次之，马咀最低。见表 5.4。

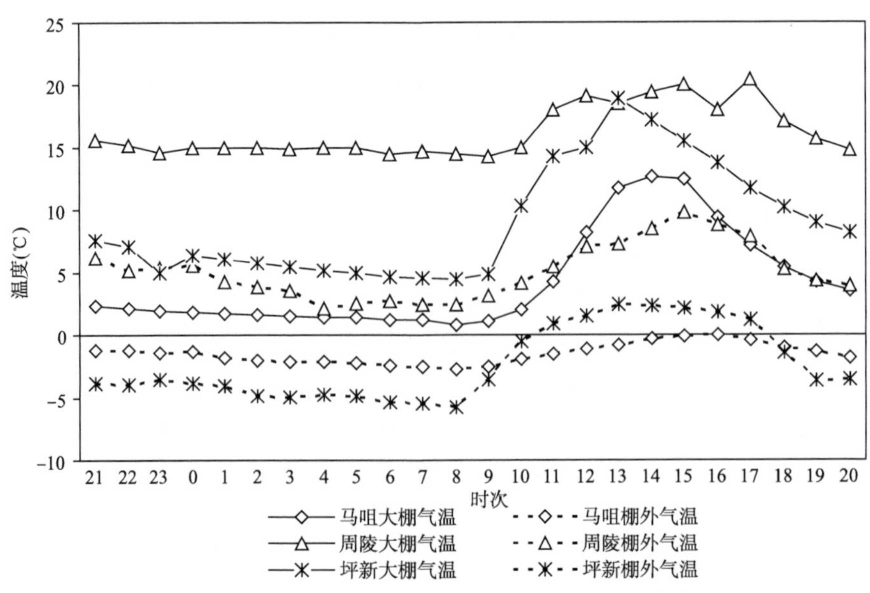

图 5.7　1 月份多云或少云时棚内外气温的变化曲线

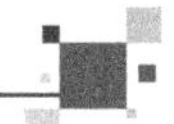

表 5.4　多云时不同示范区白天和夜间棚内外平均气温对比(单位:℃)

月份	时段	马咀		周陵		神农(坪新)	
		棚内	棚外	棚内	棚外	棚内	棚外
1月	夜间(21—8时)	1.6	−1.9	14.9	3.9	5.6	−4.6
	白天(9—20时)	6.9	−1.1	17.5	6.3	12.4	0
2月	夜间(21—8时)	9.2	−1.8	14.3	−5.9	10.2	0.6
	白天(9—20时)	16.5	2.7	15.0	−2.5	16.8	5.6
3月	夜间(21—8时)	11.6	6.1	15.0	7.1	13.1	9.3
	白天(9—20时)	16.1	12.7	16.9	10.7	15.0	13.4

由图5.8可见,2月份,多云或少云天气下,夜间棚内平均气温比棚外偏高9.7～20.2 ℃,白天平均气温比棚外偏高11.2～17.6 ℃,棚内日最高气温17～22.8 ℃,比棚外偏高12.2～17.8 ℃,棚内最低气温7.7～13.0 ℃,比棚外高9.6～20.1 ℃。棚内气温日较差在3.9～15.1 ℃,棚外气温日较差在6.4～8.9 ℃,从24小时棚内外气温变化差异看,马咀棚内气温的日变化最大,其次为坪新,周陵最小。周陵白天和夜间的提温、保温效果最好,马咀次之,坪新最低。

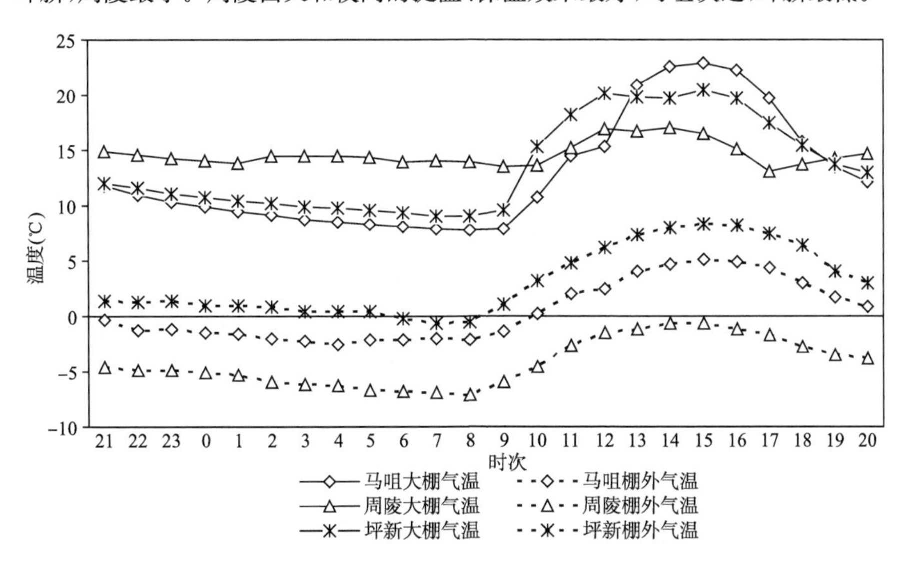

图5.8　2月份多云或少云时棚内外气温的变化曲线

由图5.9可见,3月份,多云或少云下,夜间棚内平均气温比棚外偏高3.8～7.9 ℃,白天平均气温比棚外偏高1.6～6.2 ℃,棚内日最高气温15.9～20.5 ℃,比棚外偏高1.0～6.9 ℃,棚内最低气温7.4～13.6 ℃,比棚外高3.4～8.2 ℃。棚内气温日较差在4.4～13.0 ℃,棚外气温日较差在6.7～10.9 ℃,棚内气温日较差幅度对比有地区差异,马咀棚内气温日较差最大,周陵次之,坪新最小。

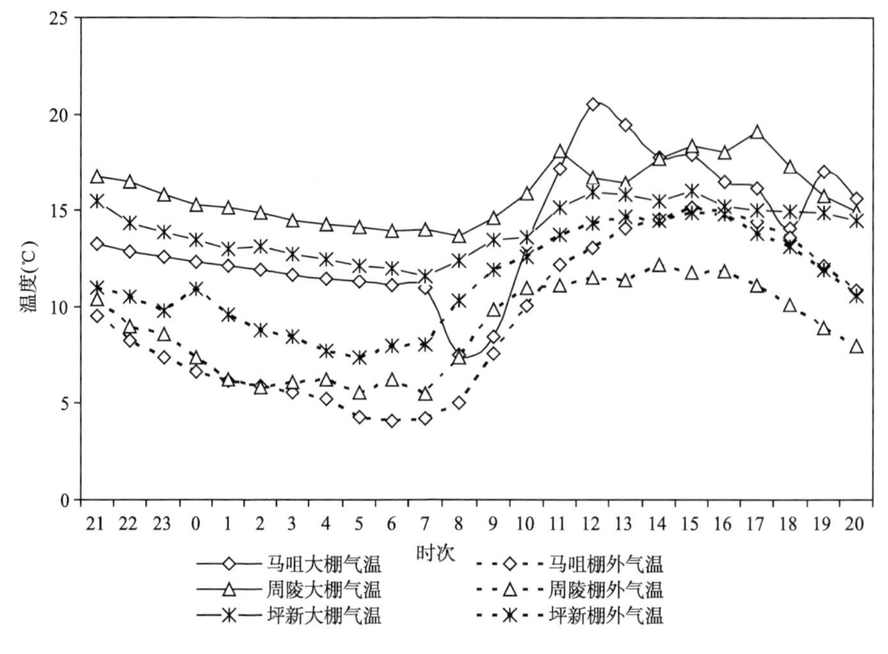

图 5.9　3 月份多云或少云时棚内外气温的变化曲线

5.3.4　寡照条件下不同示范区棚内温度变化特征

由图 5.10、表 5.5 可见，1 月份，阴雨天气时，棚内气温周陵最高，其次是马咀，坪新气温最低。夜间棚内平均气温比棚外偏高 9.4～14.9 ℃，白天平均气温比棚外偏高 10.0～14.9 ℃，棚内日最高气温 13.3～16.9 ℃，比棚外偏高 11.9～15.5 ℃。棚内气温日较差在 3.9～9.6 ℃，坪新棚内气温的日较差大于周陵、马咀；棚外气温日较差在 3.9～6.0 ℃。棚内气温提升幅度有地区差异，夜间周陵棚内气温比棚外气温提高 15.0 ℃，马咀、坪新相当，提升幅度在 9.4～10.4 ℃。见表 5.5。

表 5.5　阴雨不同示范区白天和夜间棚内外平均气温对比(单位:℃)

	时段	马咀		周陵		神农	
		棚内	棚外	棚内	棚外	棚内	棚外
1 月	夜间(21—8 时)	6.9	−3.5	13.3	−1.7	5.1	−4.3
	白天(9—20 时)	10.1	−0.1	14.5	0.4	9.4	−0.7
2 月	夜间(21—8 时)	9.6	0.3	14.3	−3.4	10.9	1.6
	白天(9—20 时)	14.5	3.7	13.4	−2.2	12.8	3.0
3 月	夜间(21—8 时)	11.8	6.3	12.4	5.4	13.7	5.8
	白天(9—20 时)	15.2	11.4	14.9	7.6	16.5	8.6

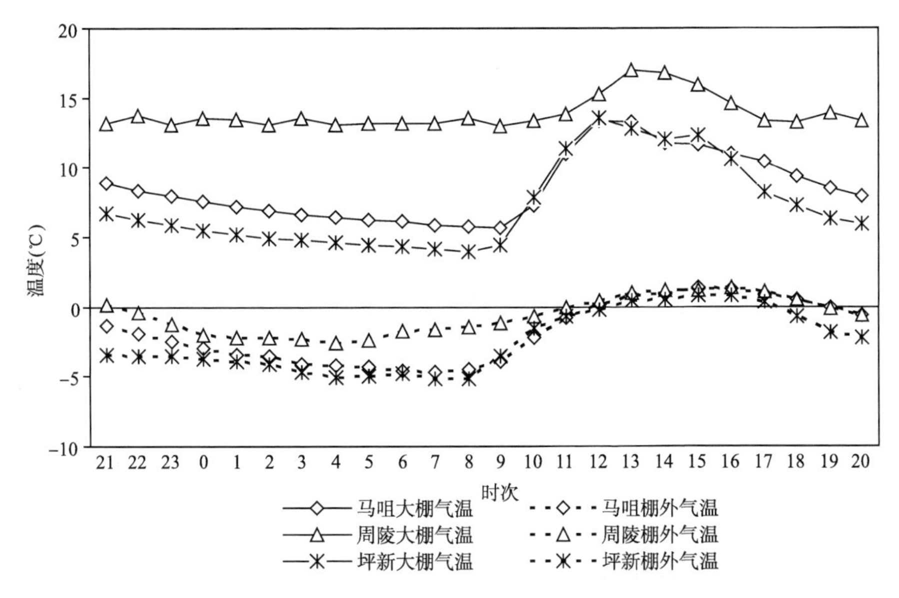

图 5.10　1 月份阴雨时棚内外气温的变化曲线

2 月份，阴雨天气时(图 5.11、表 5.5)，夜间，周陵气温最高，坪新次之，马咀最低。白天，马咀气温最高，坪新和周陵次之。夜间棚内平均气温比棚外偏高 9.3～17.6 ℃，白天平均气温比棚外偏高 9.8～15.6 ℃，棚内日最高气温14.3～19.3 ℃，比棚外偏高 10.5～15.7 ℃。棚内气温日较差在 1.9～10.8 ℃，马咀棚内气温的日变化差异远远高于坪新、周陵。棚外气温日较差在 2.7～6.3 ℃。棚内外温差有地区差异，马咀棚内日较差最大，坪新次之，

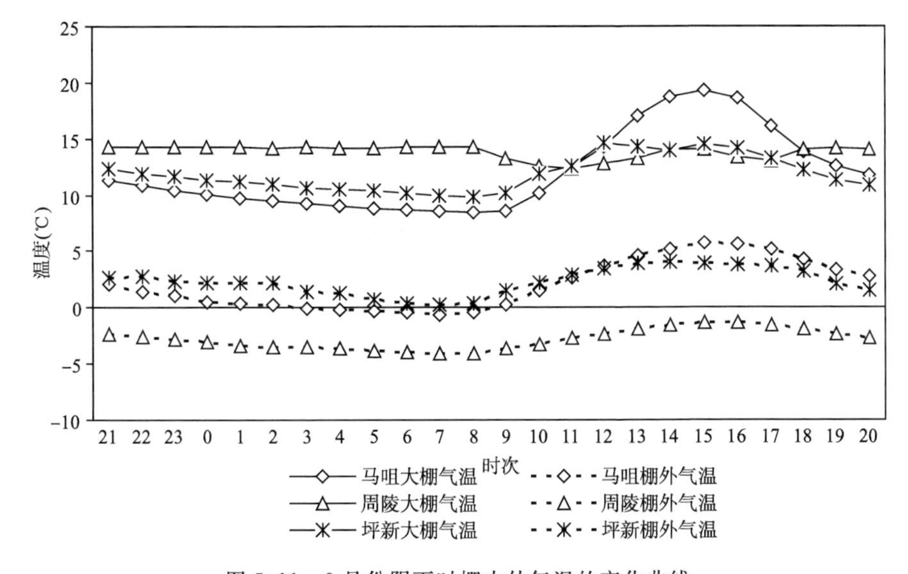

图 5.11　2 月份阴雨时棚内外气温的变化曲线

周陵最小。白天和夜间，周陵大棚内的提温、保温效果最好，棚内气温提升幅度在 15.8～17.6 ℃，马咀和坪新相当，提升幅度为 9.3～10.8 ℃。

由图 5.12、表 5.5 可见，3 月份，阴雨天气时，夜间，坪新气温最高，周陵次之，马咀最低。白天，坪新气温最高，马咀次之，周陵最低。夜间棚内平均气温比棚外偏高 5.4～7.9 ℃，白天平均气温比棚外偏高 3.8～7.9 ℃，棚内日最高气温16.9～19.3 ℃，比棚外偏高 5.1～9.5 ℃。棚内气温日较差在 5.6～7.7 ℃，马咀棚内气温的日变化高于周陵、坪新。棚外气温日较差在 4.8～8.8 ℃。棚内外气温差有地区差异，坪新棚内提温效果最大，周陵次之，马咀最小。

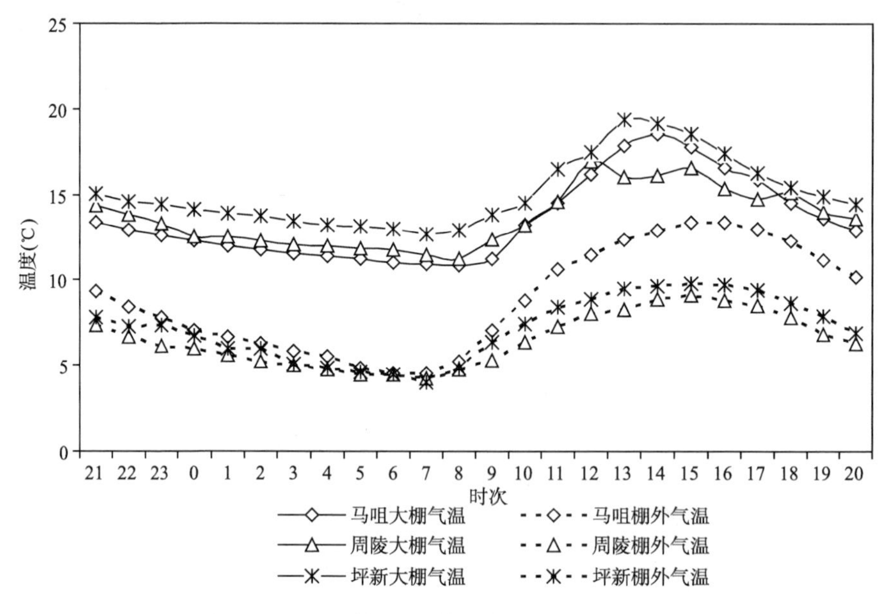

图 5.12　3 月份阴雨时棚内外气温的变化曲线

5.3.5　不同天气条件下温室效应对比

晴天时，温室内平均气温 4.3～18.6 ℃，比外界可以提高 4.8～20.2 ℃，温室内最高气温可以达到 23.7 ℃，最低达 2.8 ℃。1—2 月份温室效应明显，1～3 月份棚内外温度的日变化周期趋势基本一致，棚内最低气温出现在 7—8 时，最高气温在 12—13 时，最高气温比棚外提前 3 h 左右，棚外最高气温出现在 15—16 时，11—16 时棚内增温幅度最大，为 16.4～20.2 ℃。各地棚内气温日变化明显高于棚外气温日变化，各地棚内气温日变化幅度为 8.1～16.9 ℃，马咀气温日变化最大，坪新次之，周陵最小。总体来看，周陵、马咀提温效果好。

多云或少云天气下，2 月份温室效应明显，1 月份次之，3 月份增温幅度

较小。其中,2 月份夜间棚内平均气温比棚外高 9.7～20.2 ℃,白天平均气温比棚外高 11.2～17.6 ℃,棚内日最高气温 17～22.8 ℃,比棚外偏高 12.2～17.8 ℃,棚内最低气温 7.7～13.0 ℃,比棚外高 9.6～20.1 ℃。1 月份夜间棚内平均气温比棚外高 3.5～11.0 ℃,白天平均气温比棚外高 7.9～12.4 ℃,棚内日最高气温 12.6～20.4 ℃,比棚外偏高 10.6～16.5 ℃,最低气温 0.8～14.2 ℃,偏高 3.6～12.1 ℃。3 月份夜间棚内平均气温比棚外高 3.8～7.9 ℃,白天平均气温比棚外高 1.6～6.2 ℃,棚内最高气温 15.9～20.5 ℃,比棚外偏高 1.1～6.9 ℃,棚内最低气温 7.4～13.6 ℃,比棚外高 3.4～8.2 ℃。从不同地区气温变化看,马咀、坪新棚内气温的日变化大于周陵,周陵棚内气温的稳定性好。总体看,周陵提温、保温效果好。1 月份马咀夜间的保温效果差。

阴雨天气时,2 月份的温室效应最明显,其次是 1 月份,最后是 3 月份。2 月份夜间,大棚的保温效果好,棚内气温提升幅度可高达 17.6 ℃,白天提升幅度最高达 15.6 ℃。

5.3.6　马咀各地不同天气下大棚内外气温对比情况

以马咀示范区为例,普查各月棚内不同天气下气温具体变化实况。2 月温室效应最好,棚内平均气温比外面提高 13.0 ℃,3 月温室效应次之,提高 9.0 ℃,1 月提高 5.0 ℃,4 月提高 4.0 ℃。1—4 月,晴天、多云或少云、阴天或雨天的温室效应不同,晴天棚内比外界气温偏高幅度最高,内外平均气温差在 6.0～15.0 ℃;多云或少云天气时,内外平均气温差在 5.9～13.0 ℃,阴(雨)时,内外平均气温差在 3.0～12.0 ℃。

从 1 月不同天气条件下气温变化看,见图 5.13,晴天条件下,白天棚内平均气温、平均最高气温分别比棚外提高 14.7、20.4 ℃,夜间棚内平均温度、平均最低气温分别比棚外提高 10.4、9.3 ℃,日平均温差在 12.4 ℃。白天棚内平均温度 14.9 ℃,平均最高温度 24.2 ℃,夜间棚内平均温度 4.3 ℃,平均最低温度 2.7 ℃。

日落到日出前,棚内气温偏低,7—8 时气温最低,日出后,10—11 时棚内气温快速升高,13—16 时达到峰值。1 月棚内日平均温度在 9.6 ℃,平均最高温度 24.2 ℃,平均最低温度 2.7 ℃。

多云或少云天气下,白天棚内平均温度 15.8 ℃,平均最高气温 24.7 ℃,分别比棚外提高 9.3、13 ℃。夜间棚内平均温度 7 ℃,最低温度 0.6 ℃,分别比外界提高 6.9、6.4 ℃。

阴或雨天气下,白天棚内平均温度 10.0 ℃,最高气温 14.4 ℃,分别比棚外提高 9.1、12.2 ℃。夜间棚内平均温度 6.9 ℃,最低温度 5.6 ℃,分别比外界提高 9.1、8.5 ℃。

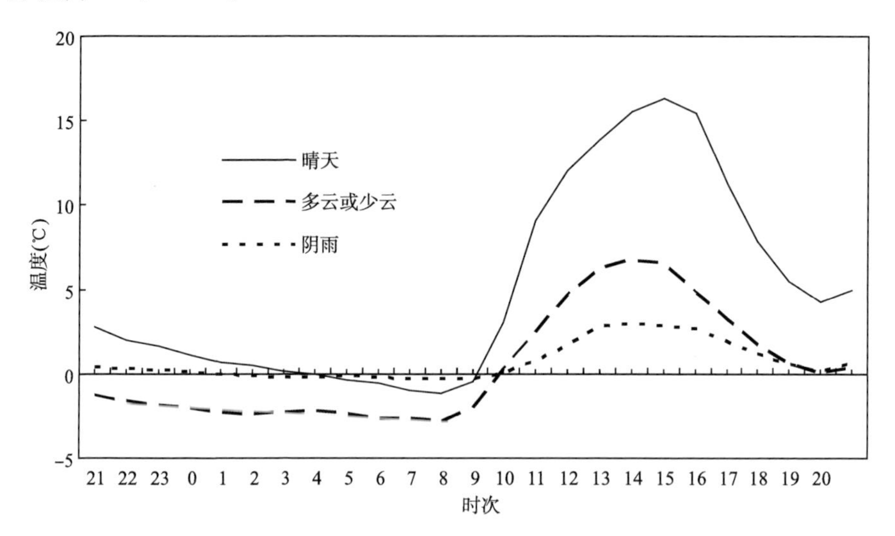

图 5.13　马咀 2012 年 1 月不同天气下大棚内气温变化

从 2 月不同天气条件下气温变化看，见图 5.14，2 月棚内夜间平均气温在 8.3～9.5 ℃，白天平均气温在 14.4～17.3 ℃，8 时左右气温最低，之后气温快速上升，上午 10:30—11 时和午后 15—16 时为快速升温时段。每天棚内气温出现一次峰值，在 15—16 时。

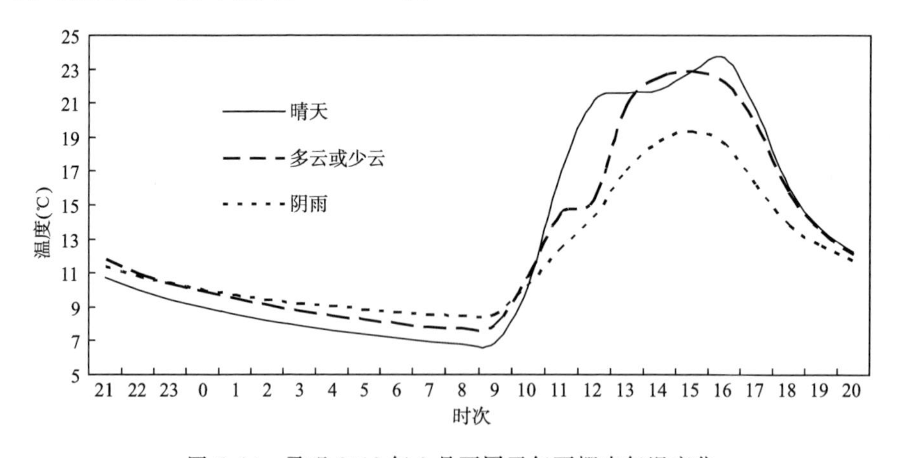

图 5.14　马咀 2012 年 2 月不同天气下棚内气温变化

2 月晴天时棚内平均温度 12.8 ℃，最高气温 28.9 ℃，夜间最低气温 5.2 ℃，明显比棚外气温高。白天棚内外平均气温差在 15.4 ℃，夜间平均气温差在 11.4 ℃，白天最高气温差在 21.7 ℃，夜间最低气温差在 8.7 ℃。

多云或少云时棚内平均温度 12.9 ℃，最高气温 26.8 ℃，夜间最低气温 6.9 ℃。白天棚内外平均气温温差 13.3 ℃，夜间平均温差 11.6 ℃，白天最

高气温差 19.6 ℃,夜间最低气温差 9.2 ℃。

阴天或雨天棚内平均温度 12.0 ℃,最高气温 24.7 ℃,夜间最低气温 6.7 ℃。白天棚内外平均气温温差 10.6 ℃,夜间平均温差 9.6 ℃,白天最高气温差 15.4 ℃,夜间最低气温差 7.6 ℃。

晴天时棚内外平均日温差 13.9 ℃,多云或少云时棚内外平均日温差 12.4 ℃,阴天或雨天棚内外平均日温差 10.0 ℃。

从 3 月不同天气条件下气温变化看,见图 5.15,棚内夜间平均气温在 11.4～12.7 ℃,白天平均气温在 15.2～22.7 ℃,8 时左右气温最低,之后气温快速上升,上午 10:30—11 时和午后 14—15 时为快速升温时段。每天棚内气温出现两次峰值,在 11—13 时和 15—16 时。

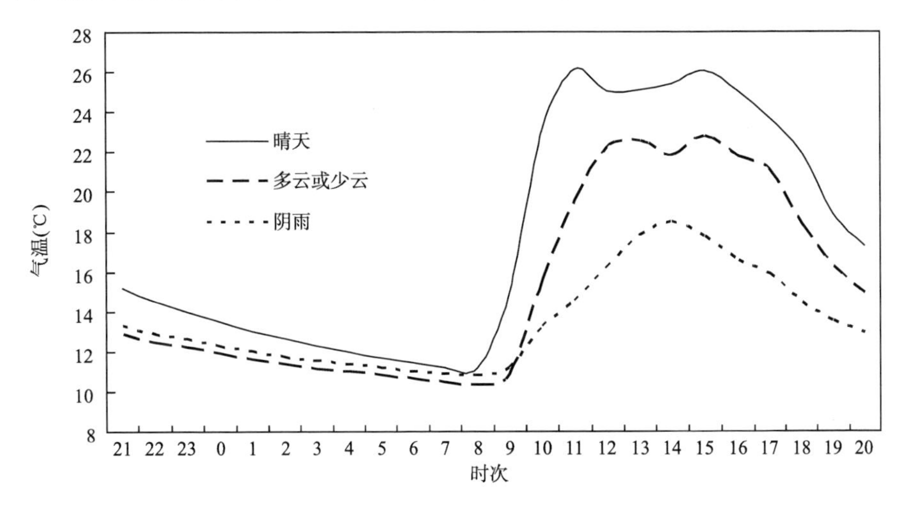

图 5.15 马咀 2012 年 3 月不同天气下棚内气温变化

3 月晴天时棚内平均温度 17.7 ℃,最高气温 30.4 ℃,夜间最低气温 8.8 ℃,明显比棚外气温高。白天棚内外平均气温差在 8.6 ℃,夜间平均气温差在 7.3 ℃,白天最高气温差在 12.3 ℃,夜间最低气温差在 2.2 ℃。

多云或少云时棚内平均温度 15.2 ℃,最高气温 29.8 ℃,夜间最低气温 8.0 ℃。白天棚内外平均气温温差 6.5 ℃,夜间平均温差 8.2 ℃,白天最高气温差 16.0 ℃,夜间最低气温差 3.5 ℃。

阴天或雨天棚内平均温度 13.5 ℃,最高气温 27.8 ℃,夜间最低气温 8.2 ℃。白天棚内外平均气温温差 7.5 ℃,夜间平均温差 7.0 ℃,白天最高气温差 14.1 ℃,夜间最低气温差 5.7 ℃。

晴天时棚内外平均日温差 7.5 ℃,多云或少云时棚内外平均日温差 6.9 ℃,阴天或雨天棚内外平均日温差 8.0 ℃。

从 4 月不同天气条件下气温变化看,见图 5.16,棚内夜间平均气温在 16.7～

18.3 ℃,白天平均气温在 21.4～24.0 ℃,8 时左右气温最低,之后气温快速上升,上午 10:30 开始升温,每天棚内气温出现一次峰值,在 15—16 时。

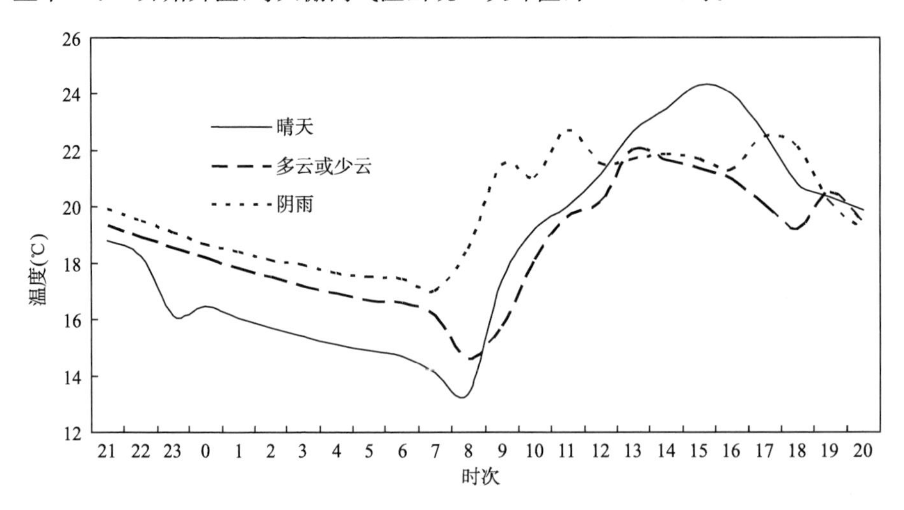

图 5.16 马咀 2012 年 4 月不同天气下棚内气温变化

4 月晴天时棚内平均温度 18.8 ℃,最高气温 27.8 ℃,夜间最低气温 14.6 ℃,明显比棚外气温高。白天棚内外平均气温差在 5.0 ℃,夜间平均气温差在 4.3 ℃,白天最高气温差在 7.8 ℃,夜间最低气温差在 0.3 ℃。

多云或少云时棚内平均温度 18.6 ℃,最高气温 25.7 ℃,夜间最低气温 15.9 ℃。白天棚内外平均气温温差 4.4 ℃,夜间平均温差 4.8 ℃,白天最高气温差 7.2 ℃,夜间最低气温差 1.4 ℃。

阴天或雨天棚内平均温度 19.8 ℃,最高气温 24.6 ℃,夜间最低气温 17 ℃。白天棚内外平均气温温差 3.6 ℃,夜间平均温差 4.2 ℃,白天最高气温差 6.7 ℃,夜间最低气温差 1.4 ℃。

晴天时棚内外平均日温差 4.8 ℃,多云或少云时棚内外平均日温差 2.7 ℃,阴天或雨天棚内外平均日温差 3.2 ℃。

5.4 示范区大棚内樱桃生长期的温度调控

5.4.1 休眠期温度调控

5.4.1.1 解除休眠方式

大樱桃有自然休眠的特性,最早覆膜时间应在甜樱桃完成自然休眠以

后进行，大樱桃在 7.2 ℃以下，经过 650～1440 h，自然休眠才能结束。一般适宜的覆膜时间大约在 12 月下旬与翌年的 1 月上中旬，保护地栽培覆膜时必须满足甜樱桃对需冷量的要求，在不具备管理技术和条件的情况下，切记不要盲目追早。覆膜过早，即使具备了生长发育条件，树体也不能正常生长，反而花期温度低，花期过长，开花不整齐，增加了技术难度和管理强度，整体效益不理想。

适宜的覆膜时间应在 12 月底至 1 月上旬，覆膜以后最好不要急于升温，前几天可先遮阳蓄冷，白天盖帘，晚间揭帘，继续增加甜樱桃对低温的的需要，5～7 d 后再开始慢慢升温。但升温不宜过急，温度不宜过高，否则容易出现先叶后花和雌蕊先出等生长倒序现象。有取暖设施的，也不要经常加温，特别要注意夜间温度不能过高．在自然条件下，如果棚体保温措施得力是能够满足棚温要求的。只有在遇有特殊天气，如低温、霜冻时，才进行人工辅助增温。

5.4.1.2　扣棚期需冷量

铜川地区大棚樱桃栽培分两种方式，一种是采取人工破眠，尽可能地创造适合樱桃休眠的低温，提前解除休眠，即在 10 月下旬开始扣棚，利用空调、冰块等降温设备，将棚内气温下降到 7.2 ℃以下，尽可能地创造适合樱桃休眠的低温。白天温度高时盖草帘遮阴降温，夜间外面温度低时，拉起草帘并打开前底角和所有通风口、让冷空气进来进行降温，当气温下降到 0 度以下时，又采取加温设备提高棚内温度，保持在 0～7.2 ℃的适宜范围内，尽快达到樱桃的需冷量。另一种是自然休眠，无人工降温设备，当气温在 0～7.2 ℃的小时数达到 800 h 扣棚。

表 5.6 为四个不同示范区的扣棚期的需冷量和成熟期，从实际扣棚期看，2012 年冬季，除了人工智能棚，各示范区扣棚时的需冷量达到 638～644 h，比自然条件下解除休眠所需的 800 h 需冷量还少 100～300 h，各地普遍比 2011 年扣棚升温前需冷量偏少 34～118 h，但扣棚后利用日光温室保温效果，将棚内温度提高到了需冷量的有效低温指标范围，将无效温度转变为有效温度，解除休眠。

表 5.6　2012—2014 年扣棚时需冷量及成熟期

项目 年份	塬畔		周陵		马咀		神农（坪新）	
	扣棚时需冷量（h）	成熟期	扣棚时需冷量（h）	成熟期	扣棚时需冷量（h）	成熟期	扣棚时需冷量（h）	成熟期
2012—2013	650	3 月 26 日	638	3 月 20 日	677	3 月 18 日	651	3 月 20 日
2013—2014	659	3 月 30 日	800（加温）	2 月 15 日	686	3 月 25 日	670	3 月 30 日

5.4.2　示范区大棚樱桃生长发育期

2012—2013 年各地生育期为：周陵为人工加温棚，现蕾开花期在 1 月 12—16 日，开花幼果期 1 月 17 日至 2 月 15 日，幼果膨大期 2 月 16 日至 3 月 4 日，膨大成熟期 3 月 5—10 日。

塬畔 1 月 7 日萌芽，现蕾开花 2 月 5—10 日，2 月底坐果，3 月底到 4 月初成熟。

马咀 1 月 6 日芽膨大，1 月 31 日现蕾，2 月 6 日开花，2 月 21 日坐果，3 月 28 日成熟。

神农 1 月 5 日萌芽，2 月 22 日现蕾，2 月 27 日开花，3 月 10 日坐果，4 月 10 日成熟。

5.4.3　扣棚后到成熟期的小气候控制

温度、湿度是大樱桃生长的关键气象条件，大棚栽培大樱桃可以按照设定调控指标来及时调控，见表 5.7，樱桃树苗温度调控，从扣棚升温到芽体萌动，约需 35 d 时间，温度需缓慢上升，不宜过高。扣棚后开始升温的第 1 周为不加温期，白天控制在 8～9 ℃，夜间调至 3～5 ℃；2 周开始加温，白天10～15 ℃，夜间最初 5 ℃，以后每过 2～3 d 升高 1 ℃；第 3 周白天 13～16 ℃，夜间升至 7～8 ℃，最低温度不低于 5 ℃，最高不超过 18 ℃，地温 8～10 ℃为宜。

表 5.7　铜川地区大棚樱桃各生育阶段的温湿度指标

生育阶段	夜间低温(℃)	白天气温(℃)	白天高温(℃)	地温(℃)	白天湿度(%)	夜间湿度(%)
萌芽前	3～5	8～9	10	8～10	40～50	60－80
萌芽期	6～7	10～15	18			
现蕾期	7～8	15～18	20	10～15	60～70	70～80
萌芽～开花	＞5	10～15，15～18	24			
开花期	＞8	18～20	25	10～15	40	50～60
幼果期	＞8	20～25		10～20	6～70	70～80
果实膨大	10～12	22～25		15～20	60～70	70～80
成熟期	18	26			50	50

大樱桃湿度调控，从开始升温到萌芽前的一段时间为催芽期，这一时期适当的高温高湿有利于芽的萌发，棚内空气相对湿度白天保持在 40%～50%，夜间 60%～80%。

5.4.3.1　四个示范区萌芽期温度特征

萌芽期白天温度控制在 10～15 ℃，夜间气温在 6～7 ℃，地温保持在8～

10 ℃。

5.4.3.2 开花期

萌芽到开花期，白天温度 18～20 ℃，夜温 6～7 ℃，不能低于 5 ℃；花期的适宜温度范围是白天 18～20 ℃，夜温是 7～10 ℃，进入现蕾期后白天温度控制在 15～18 ℃。在开花期间，温室的空气相对湿度要控制在 50%左右，所以，在开花期不宜灌水和喷药。湿度过大时要通风降湿。

5.4.3.3 果实期

在果实发育前期，从落花后到幼果膨大，白天温度从 18～19 ℃逐步升到 20～22 ℃，最高不能超过 25 ℃。夜温控制在 7～8 ℃，最高不能超过 10 ℃。果实发育前期空气相对湿度控制在 50%～70%，后期控制在 50%左右。

5.4.3.4 成熟期

到果实着色至果实成熟期，白天温度控制在 22～25 ℃，保证昼夜温差在 10 ℃以上，以利于果实着色和成熟。

5.4.4 神农示范点大棚温室度调控个例

神农樱桃示范基地位于铜川市新区中老村，神农公司的樱桃种植基地，目前已建成欧美大樱桃种植基地 150 亩，大棚 16 栋，商品果 5 万余斤*，年产值达 300 多万，成为铜川大樱桃生产、加工、销售为一体的现代化企业。铜川市神农生态农业有限公司以生产安全、优质的大樱桃为目标，追求生产过程的天然和生态理念，零激素、零农残，已通过无公害认证。2011 年，神农公司获得十八届杨凌农业高新技术博览会上后稷奖，2012 年被评为市级明星企业，2013 年成为陕西省养生协会副会长单位，其种植的大樱桃被养生协会列为推荐产品。目前，已建成集旅游、观光、采摘、养生为一体的生态园。该基地生产的布鲁克斯等甜樱桃已经形成区域品牌，口感好，可溶性固形物含量丰富。以 2012 年 12 月—2013 年 4 月，神农大棚樱桃示范区的樱桃生产气象条件调控为例，见表 5.8。

表 5.8 神农大棚樱桃发育期气象要素资料

发育期	萌芽期	初花期	盛花期	终花期	幼果期	硬核期
平均气温(℃)	10.3	12.4	15.6	17.1	16.2	16.5
最高气温(℃)	26.8	27.2	23.8	29.8	23.9	29.4

* 1 斤＝0.5 kg。

续表

发育期	萌芽期	初花期	盛花期	终花期	幼果期	硬核期
最低气温(℃)	−0.8	4.6	8.0	8.7	11.4	8.9
夜间平均气温(℃)	6.5	9.5	12.8	13.5	14.2	13.7
白天平均气温(℃)	14.2	15.2	18.4	20.7	18.2	19.4
平均湿度(%)	50	65	53	38	54	40
最小湿度(%)	25	47	30	17	35	15
最大湿度(%)	65	74	71	54	69	53

神农大棚樱桃在12月24日开始扣棚,2013年1月2日开始升温,1月5日萌芽,2月22日现蕾,2月27日开花,3月10日坐果,4月10日成熟。

萌芽期(1月3—29日):据统计神农大棚樱桃萌芽期平均气温10.3 ℃,最高气温26.8 ℃,最低气温−0.8 ℃,夜间平均气温为6.5 ℃,白天平均气温为14.2 ℃,平均相对湿度50%,最小相对湿度25%,最大相对湿度65%。

初花期(1月30日—2月21日):平均气温12.4 ℃,最高气温27.2 ℃,最低气温4.6 ℃,夜间平均气温为9.5 ℃,白天平均气温为15.2 ℃,平均相对湿度65%,最小相对湿度47%,最大相对湿度74%。

盛花期(2月22—28日):平均气温15.6 ℃,最高气温23.8 ℃,最低气温8.0 ℃,夜间平均气温为12.8 ℃,白天平均气温为18.4 ℃,平均相对湿度53%,最小相对湿度30%,最大相对湿度71%。

终花期(3月1—8日):平均气温17.1 ℃,最高气温29.8 ℃,最低气温8.7 ℃,夜间平均气温为13.5 ℃,白天平均气温为20.7 ℃,平均相对湿度38%,最小相对湿度17%,最大相对湿度54%。

幼果期(3月9—15日):平均气温16.2 ℃,最高气温23.9 ℃,最低气温11.4 ℃,夜间平均气温为14.2 ℃,白天平均气温为18.2 ℃,平均相对湿度54%,最小相对湿度35%,最大相对湿度69%。

硬核期(3月16—25日):平均气温16.5 ℃,最高气温29.4 ℃,最低气温8.9 ℃,夜间平均气温为13.7 ℃,白天平均气温为19.4 ℃,平均相对湿度40%,最小相对湿度15%,最大相对湿度53%。

5.5 极端温度指标及预警

不同示范区棚内低温冻害临界温度的预报预警指标。将区域自动站、国家观测站、小气候观测站三者气象资料结合作物发育期进行同步对比分

析，找出樱桃关键发育期的三者气象要素差异，在小气候资料与国家气象站资料之间建立一定的量化关系，以马咀为例，提出棚内温度预警指标。

5.5.1　低温预警指标

根据不同月份马咀示范区棚内气温与棚外区域站气温的差异，间接计算出与耀州区温度的气候值差异，利用耀州区温度的气候统计值，计算出当棚内温度达到樱桃生长期临界温度指标时的棚外气温，作为棚外气温的预警指标，见表 5.9。

低温预警：(1)晴天时，1 月夜间棚内低于 0 ℃的外界气温预警指标为＜−9.3 ℃，低于 5 ℃的外界气温预警指标为＜−4.3 ℃，低于 10 ℃的外界气温预警指标为＜0.7 ℃。2 月夜间棚内低于 0 ℃的外界气温预警指标为＜−8.7 ℃，低于 5 ℃的外界气温预警指标为＜−3.7 ℃。3 月夜间棚内低于 0 ℃的外界气温预警指标为＜−2.2 ℃，低于 5 度的外界气温预警指标为＜2.8 ℃。

(2)多云或少云时，1 月夜间棚内低于 0 ℃的外界气温预警指标为＜−6.4 ℃，低于 5 ℃的外界气温预警指标为＜−1.4 ℃。2 月夜间棚内低于 0 ℃的外界气温预警指标为＜−9.2 ℃，低于 5 ℃的外界气温预警指标为＜−4.2 ℃。3 月夜间棚内低于 0 度的外界气温预警指标为＜−3.5 ℃，低于 5 ℃的外界气温预警指标为＜1.5 ℃。

(3)阴天或雨天时，1 月夜间棚内低于 0 ℃的外界气温预警指标为＜−2.5 ℃，低于 5 ℃的外界气温预警指标为＜2.5 ℃。2 月夜间棚内低于 0 ℃的外界气温预警指标为＜−7.6 ℃，低于 5 ℃的外界气温预警指标为＜2.6 ℃。3 月夜间棚内低于 0 ℃的外界气温预警指标为＜−5.7 ℃，低于 5 ℃的外界气温预警指标为＜−0.7 ℃。

5.5.2　高温预警指标

高温预警：晴天时，1 月白天棚内高于 20 ℃的外界气温预警指标为＞5.3 ℃，2 月白天棚内高于 20 ℃的外界气温预警指标为＞4.6 ℃，3 月白天棚内高于 20 ℃的外界气温预警指标为＞11.4 ℃。

多云或少云时，1 月白天棚内高于 20 ℃的外界气温预警指标为＞10.8 ℃，2 月白天棚内高于 20 ℃的外界气温预警指标为＞6.7 ℃，3 月白天棚内高于 20 ℃的外界气温预警指标为＞13.5 ℃。

阴天或雨天时，1 月白天棚内高于 20 ℃的高温时，外界气温临界预警指标为＞10.9 ℃，2 月白天棚内高于 20 ℃的外界气温预警指标为＞9.4 ℃，3 月白天棚内高于 20 ℃的外界气温预警指标为＞12.5 ℃。

表 5.9　马咀大棚内逐小时气温预警指标(单位:℃)

月份	项目	不同天气条件大棚内外温差的气候值			棚外临界温度预警值								
					大棚内夜间气温<0℃时，大棚外的气温预警值			大棚内夜间气温<5℃时，大棚外的气温预警值			大棚内白天气温>20℃时，大棚外的气温预警值		
		晴天	多云或少云	阴雨	晴天	多云或少云	阴雨	晴天	多云或少云	阴雨	晴天	多云或少云	阴雨
1	夜间最低温差	9.3	6.4	2.5	<−9.3	<−6.4	<−2.5	<−4.3	<−1.4	<2.5	/		
	白天平均温差	14.7	9.2	9.1	/						>5.3	>10.8	>10.9
2	夜间最低温差	8.7	9.2	7.6	<−8.7	<−9.2	<−7.6	<−3.7	<−4.2	<2.6	/		
	白天平均温差	15.4	13.3	10.6	/						>4.6	>6.7	>9.4
3	夜间最低温差	2.2	3.5	5.7	<−2.2	<−3.5	<−5.7	<−2.8	<−1.5	<−0.7	/		
	白天平均温差	8.6	6.5	7.5	/						>11.4	>13.5	>12.5

5.5.3　棚内外气温之间的关系

从大棚内外 24 小时的逐时气温变化趋势看，见表 5.10，两者相关性较好，任何天气条件下，2 月相关性最高，晴天时，1—3 月的相关性最好。多云天气时，2 月的相关性最好，3 月、1 月相关性相当，阴天时，2 月、3 月相关性较好，1 月相关性低。从 6 小时棚内气温的相关性变化来看，夜间棚内外气温的相关性普遍好于白天，1 月、2 月棚内外气温的相关系数均可达到 0.9 以上。

表 5.10　马咀大棚内外逐时气温相关性

天气	1 月		2 月		3 月		24 小时气温		
	夜间	白天	夜间	白天	夜间	白天	1 月	2 月	3 月
晴天	0.981	0.977	0.988	0.976	0.862	0.740	0.9775	0.9791	0.9456
多云	0.954	0.864	0.906	0.985	0.834	0.752	0.8412	0.9735	0.8553
阴雨天	0.987	0.767	0.993	0.961	0.985	0.862	0.8888	0.9662	0.9247

5.5.4　棚内外最高、最低气温的关系

统计分析了 1—4 月马咀示范区无加热大棚的内外最高、最低气温序列，大棚内外最高温度与最低温度间的关系如图 5.17，5.18：

从大棚内外最高温度和最低温度间关系，我们可以看到，从 1 月到 4 月，大棚内最高气温明显提高，平均最高气温比棚外最高气温偏高幅度达到 12～21 ℃，晴天或多云天气时，最高气温差达 20～21 ℃，阴天或雨天温差达 12～15 ℃。大棚内外最低温度相差较小，为 9～10 ℃。示范区试验大棚为无加热设备温室，夜间地面辐射使棚外温度降低，棚内气温随着降低。

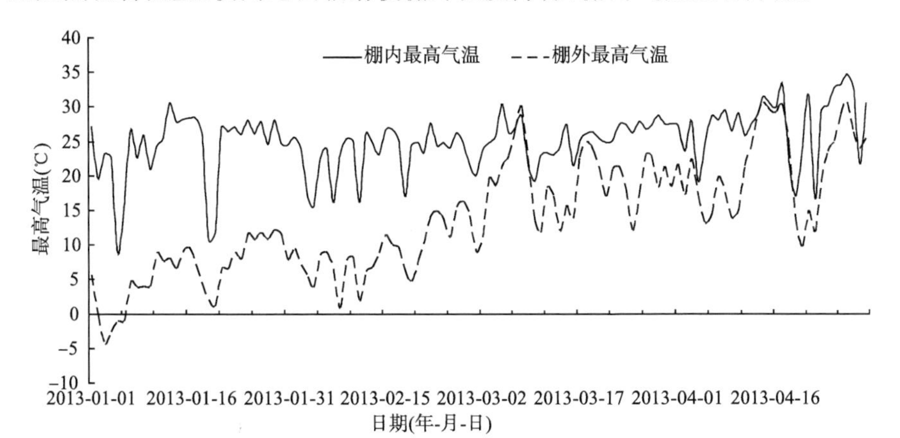

图 5.17　1—4 月棚内外最高气温序列曲线

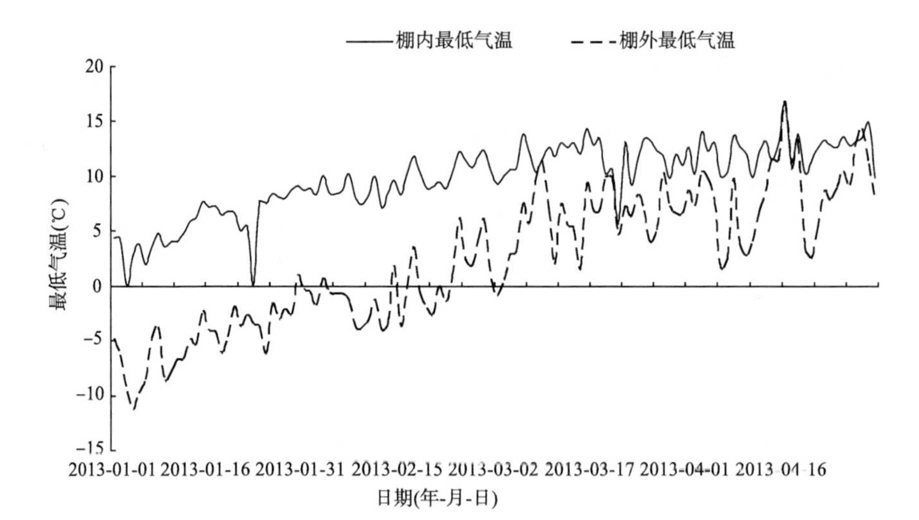

图 5.18　1—4 月棚内外最低气温序列曲线

从棚内外最高、最低气温的散点图看，大棚内外最高温度的相关度为 0.5818，棚内外最低温度间相关度为 0.8614，相关显著。

从 1—4 月棚内外逐时气温对比看，逐时气温相关性好。晴天条件下相关性最大，尤其以 1—2 月相关最为显著，相关系数高达 0.96，多云天气下相关系数为 0.94，阴雨天气下相关系数达 0.88。

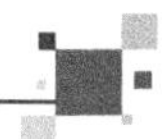

第 6 章　大田与大棚三种栽培方式下樱桃生长节律对比

2012 年 10 月—2013 年 5 月，在铜川四个设施樱桃栽培示范区，开展了试验观测及研究，栽培品种有布鲁克斯、红鲁比、红灯、早大果、萨米拖、雷尼尔等，通过观测不同的品种在不同气候环境调控下的生长发育期，从休眠期到萌芽、开花、坐果、成熟等一系列的物候期气象条件进行对比分析研究。主要以红灯等早熟品种为例，分析不同示范区樱桃生长期及温室小气候调控情况，对比各自气象条件及生态环境下物候期的差异，探索适宜铜川地区大棚栽培樱桃的小气候环境。

上市时间对于大棚樱桃的市场销售价格有重要的影响，如果上市时间比较集中，经济效益不高。掌握了大田和大棚樱桃的生长规律，可人为调控小气候来调节成熟期，制定全市樱桃成熟上市的时间计划及销售对策，分批分期上市，能充分提高商品价格，增加经济效益。

6.1　不同示范区大棚樱桃物候期

由表 6.1 可见，人工智能棚樱桃 1 月 21 日开花，分别比日光温室和露地提前了 15 d 和 64 d，果实发育期也提前了 8 d 和 56 d，整个生育期 74 d，比日光温室和露地栽培缩短。

人工智能棚花期持续了 25 d，日光温室持续了 16 d，陆地持续了 27 d。人工棚樱桃成熟期最早，在 3 月 10 日，日光温室在 3 月 25 日，露地樱桃在 5 月 10 日，人工智能棚成熟期比日光温室提前了 15 d，比露地提前 60 d，日光温室比露地提前了 46 d。

表 6.1　2012 年 12 月—2013 年 5 月三种栽培方式下的物候期(月-日)

生育期	人工智能棚	日光温室	露地
降温	11-10	/	/
扣棚	12-11	12-15	/
萌芽	12-26	01-29	03-05

续表

生育期	人工智能棚	日光温室	露地
开花	01-21	02-05	03-26
坐果	02-13	02-21	04-10
硬核	02-22	03-07	04-30
成熟	03-10	03-25	05-10
花期	22 d	16 d	27 d
果实生长期	25 d	32 d	30 d
生长期	74 d	77 d	78 d

6.2 需冷量

从 2012—2013 年扣棚时间看，图 6.1，日光温室在 12 月 15 日，人工智能棚 11 月 10 日降温蓄冷，12 月 10 日升温，需冷量达到 800 h，无加温设备的日光温室扣棚时需冷量为 600～700 h，经过一周暗期适应后，需冷量达标，解除休眠，进入生长，而露地栽培的樱桃则在 3 月 5 日以后解除休眠，进入生长，需冷量达到 912 h。人工智能棚比露地栽培提前 85 d 解除休眠期，日光温室比露地栽培提前 80 d 解除休眠，进入生长期，即人工智能棚和日光温室能进行休眠期有效低温积累，使大樱桃提早解除休眠。

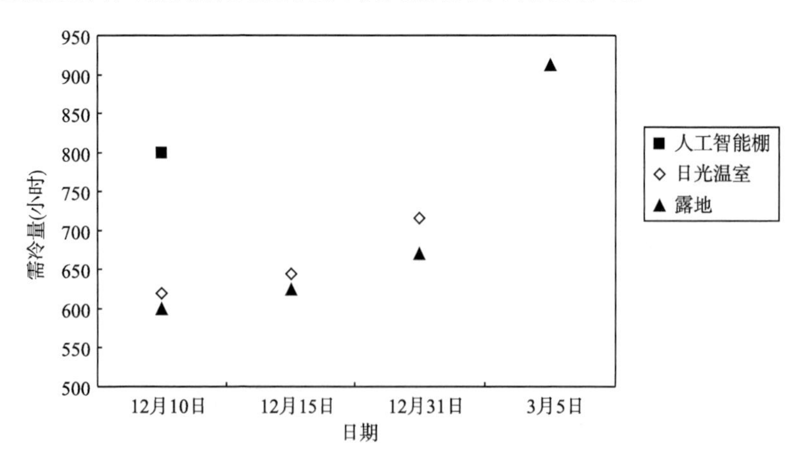

图 6.1　不同栽培方式下解除休眠时的需冷量

6.3　花期温度

对于大棚樱桃，开花期白天温度20～22 ℃为宜，最高不要超过25 ℃；夜间5～7 ℃为宜。花期是气温的敏感期，要及时开关通风门窗和揭盖草帘加强通风换气，随时观察棚内温度变化，白天温度高于25 ℃要及时通风降温，夜间如低温低于5 ℃要采取升温措施。根据樱桃生长期实际温度调控情况(表6.2)，对照花期温度指标，人工智能棚温度适宜气温，平均在14.3 ℃(图6.2a)，比日光温室(图6.2b)和露地(图6.2c)偏高0.3～0.8 ℃，最高气温控制在20 ℃，而日光温室高温达到了26.8 ℃，露地最高温度达到28～29 ℃，远远超过花期的上限温度。人工智能棚和日光温室最低气温7.1～7.5 ℃，露地−0.7 ℃，人工智能棚和日光温室保护地栽培方式明显提高了低温，有效改善了夜温，提高了7～8 ℃，同时，人工智能棚避免了25 ℃高温的发生，日光温室高温的调控不如人工智能棚，出现超过25 ℃的高温，不利于花期授粉。

表6.2　三种栽培方式下樱桃花期和果实生长期气温(单位:℃)

生长期	人工智能棚			日光温室			露地栽培		
	平均气温	最高气温	最低气温	平均气温	最高气温	最低气温	平均气温	最高气温	最低气温
花期	14.4	20	7.5	14.0	26.8	7.1	12.8	28.4	−0.7
现蕾—初花	13.9	19	9	13.7	28.1	8.3	17.2	28	6
初花—盛花	12.9	19	9	13.5	25.4	7.4	14.6	26	13
盛花—终花	14.6	20	7.5	14.4	26.8	7.1	11.1	27.9	−0.7
坐果期	14.7	19	10	14.57	27.7	8.9	11.4	28.4	1.7
果实生长期	15.9	20	9.5	16.8	30.4	5.7	16.9	31.7	4.8
幼果—硬核	15.6	20	11.3	16.3	30.4	8.9	15.2	27.8	4.8
硬核—成熟	15.9	20	9.5	17.2	28.6	5.7	17.8	31.7	8.4

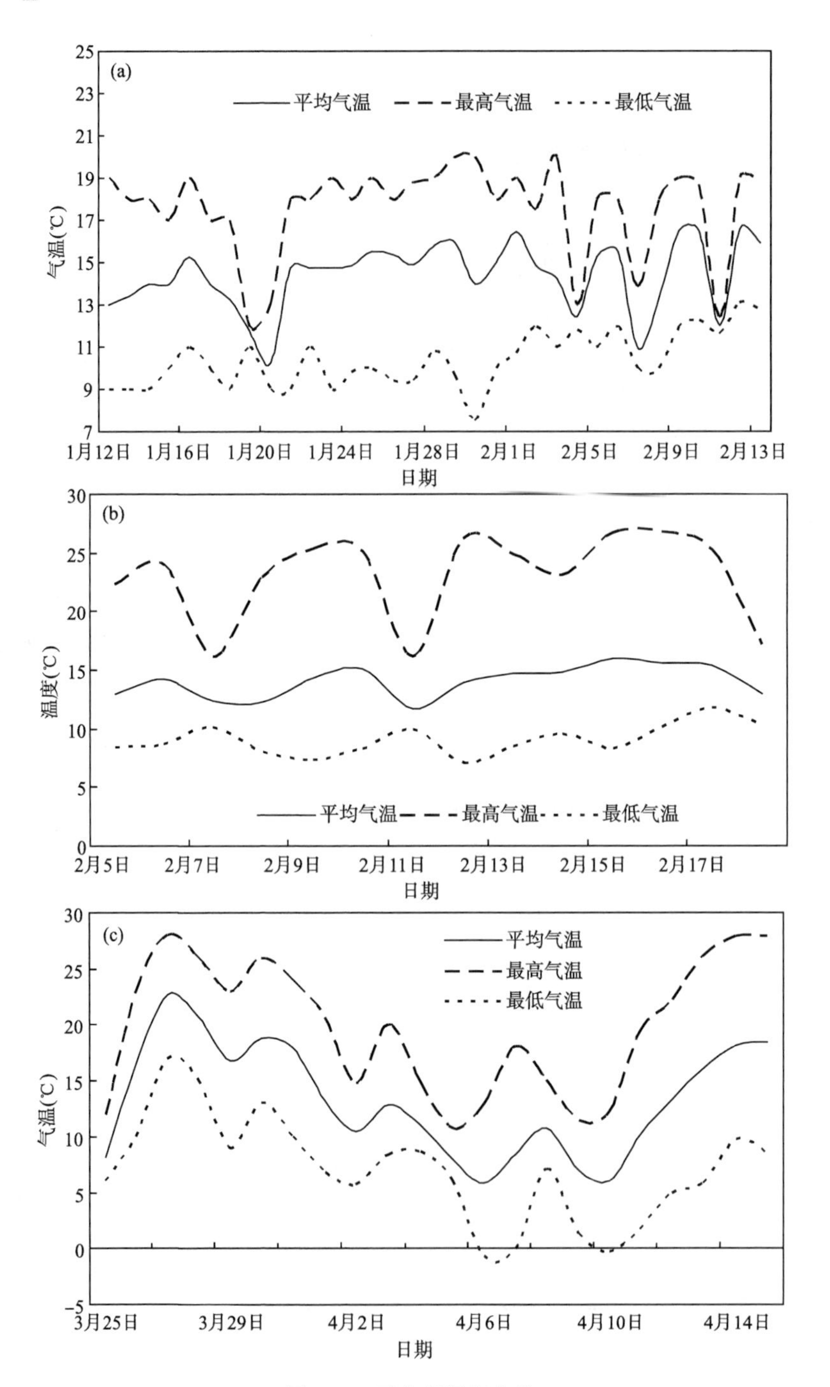

图 6.2 开花期温度变化

(a)人工智能棚;(b)日光温室;(c)大田

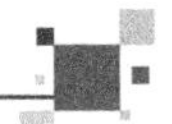

6.4 果实生长期温度

相关研究表明，樱桃落花期到坐果白天高温 20～22 ℃，夜间低温 7～8 ℃，果实膨大期白天 22～25 ℃，夜间 10～12 ℃，此间夜温适当高些有利于果实的发育，可提早成熟。人工智能棚果实生长期平均气温 15.98 ℃，最高气温 20 ℃，最低气温 9.5 ℃，日光温室最高气温 30.4 ℃，最低气温 5.7 ℃，露地栽培最高气温 31.7 ℃，最低气温 4.8 ℃。

开花期和果实生长期(图 6.3)，人工智能棚将夜间低温明显提高，花期最低气温在 7～8 ℃，坐果期最低气温在 8～10 ℃，尤其是果实膨大期低温明显高于日光温室和露地，幅度在 2.4～6.5 ℃，而露地花期和果实生长期的最低气温则在－0.7 ℃～1.7 ℃。姚小英等认为花期最低气温是影响樱桃产量的主要限制性气象因子之一，与产量密切相关，而大棚可以有效提高最低温度，利于提高产量。

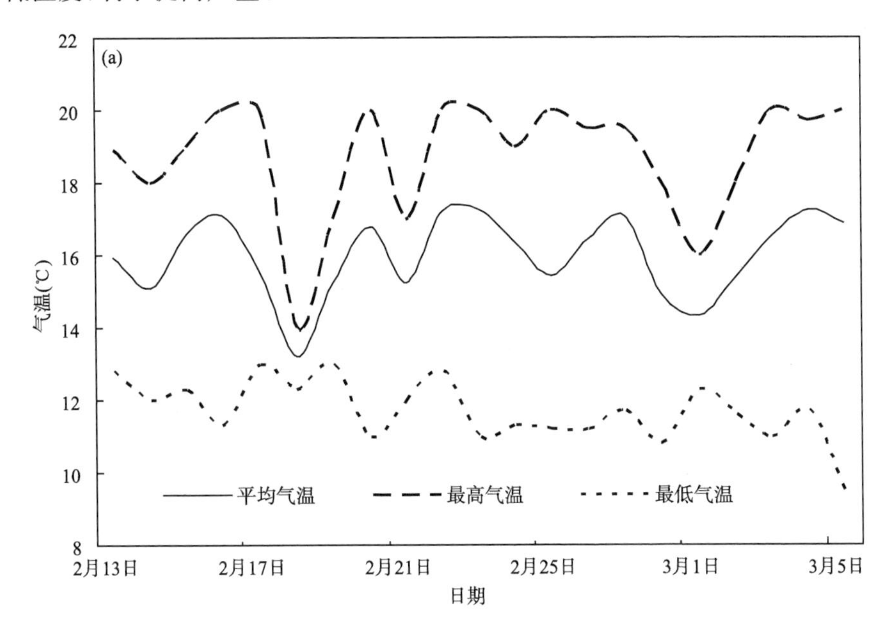

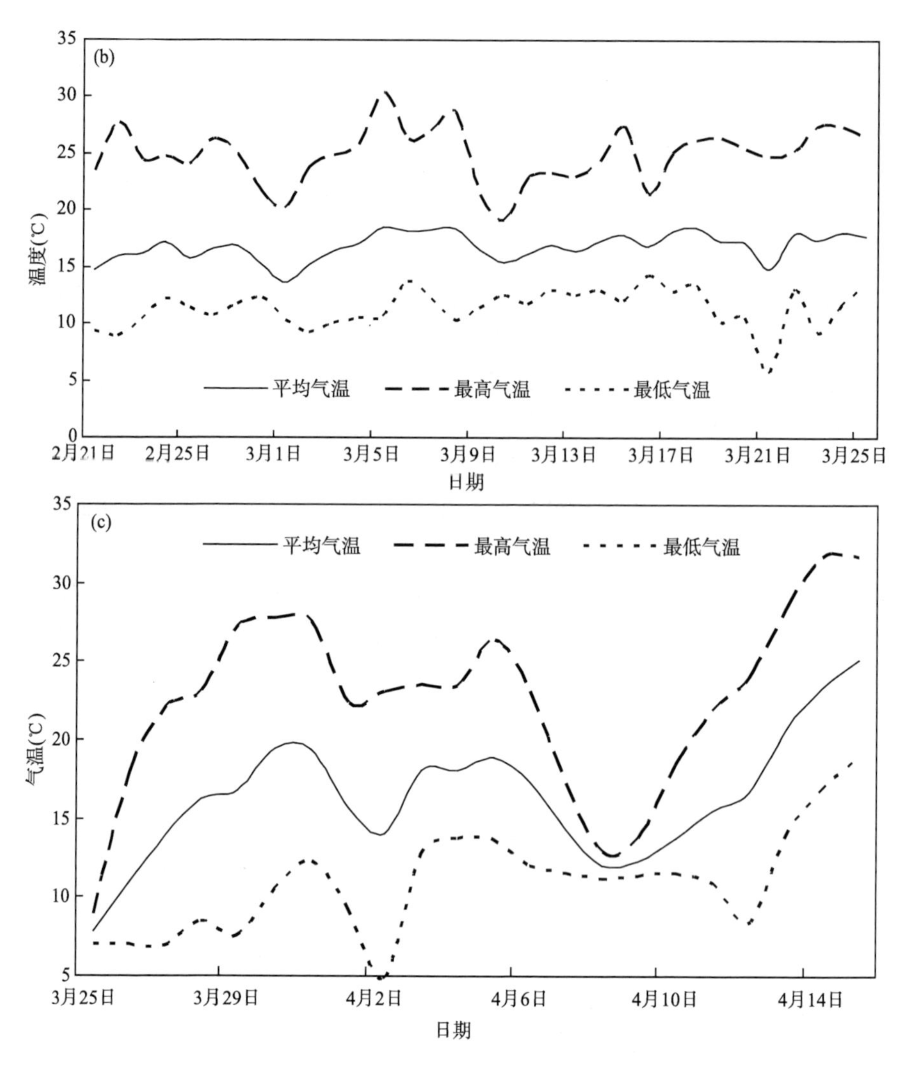

图 6.3 果实生长期气温变化

(a)人工智能棚;(b)日光温室;(c)大田

6.5 温度对坐果影响

2012—2013 年,在四个试验区开展试验,每个实验区为一个处理,共 4 个处理,每个实验区取 4 个重复,即日光温室 4 个,共 16 个大棚进行观测研究,见表 6.3。

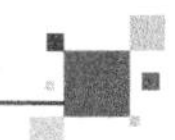

表 6.3 开花期温度控制试验设计(单位:℃)

控制指标		处理 1	处理 2	处理 3	处理 4
开花期温度(℃)	昼	≤16	≤18	≤20	≤22
	夜	>8			
备注:棚内湿度控制在 70%以内					

说明:调查记载各处理各樱桃品种生育期(包括休眠期、萌芽期、现蕾期、花期、坐果期、果实膨大期、果实成熟期)及气象条件,各品种樱桃单株平均花量、坐果率、单果重、畸形果率、亩产量、市场售价、亩产值。

发育期观测标准:花芽萌动期:花芽开始膨大,鳞片松动;初花期:全树有 5%花开放;盛花期:全树有 50%花开放;终花期:大部分花瓣开始脱落;幼果期:幼果形成;硬核期:果核发育,果实停止生长;生理落果期:个别幼果变黄,脱落;果实着色期:果实开始发白变色;果实成熟期:果实开始成熟。

对周陵三联果业公司的四个不同温度水平大棚的花果进行调查(图 6.4),发现随着温度的升高,由 16 ℃升到 22 ℃,单枝花量和坐果数均呈逐渐增加趋势,单枝花量由 224 朵增加到 512 朵,成果数和坐果率也递增,成果数由 48 个增加到 129 个,成果率由 21%提高到了 25%。

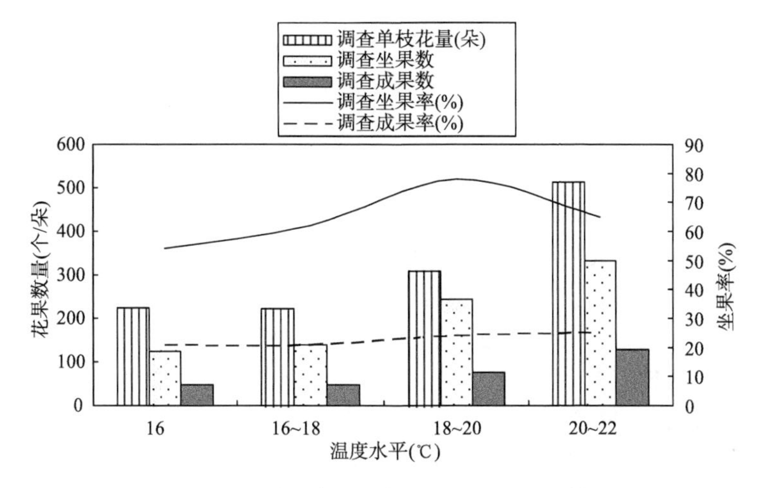

图 6.4 不同温度下早熟品种的开花坐果情况

不同示范区温度水平不同,坐果率不同。周陵示范区温度低于神农,雷尼尔品种开花期温度偏低 3.7 ℃,幼果期偏低 1 ℃;早大果开花期偏低 3.9 ℃,幼果期偏低 2.4 ℃,膨大到成熟期偏低 4.5 ℃。

花期适宜温度在 18～20 ℃为宜,随着温度升高坐果率提高。果实生长期适宜温度 22—25 ℃,对膨大和着色有利。从四个示范区坐果率来看,温度越高,坐果率越高,成果率也高,见表 6.4。

表 6.4　不同温度水平对坐果、成果率的影响

示范区	温度(℃)	坐果率(%)	成果率(%)
三联	16	62	21
	16～18	55	19
	18～20	71	22
	20～22	67	21
华硕	20～22	57	28
神农	16	52	16
	16～18	56	14

6.6　不同大樱桃品种开花期温度及生长期对比

由不同品种樱桃的各个发育期温度对比，不同品种间，发育期所需要的温度不同。布鲁克斯、早大果、红灯、雷尼尔、萨米脱等品种萌芽—开花期的温度水平相当，在 12.4～12.8 ℃，开花期温度有所不同，早熟品种早大果、红灯、萨米脱等花期温度在 14.2～14.5 ℃，布鲁克斯花期温度在 16.4 ℃，幼果期在 18.2～18.6 ℃，幼果—硬核温度在 16.5～16.9 ℃。晚熟品种布鲁克斯花期温度比早大果等偏高 1.8～2 ℃，其余发育期温度水平基本一致，见图 6.5。

各个示范区温度控制不同，生长期早晚在不同地区有所不同。就晚熟品种雷尼尔而言，塬畔开花期在 2 月中下旬，神农在 2 月下旬到 3 月初，马咀在 2 月中旬，坐果期塬畔在 3 月上旬初，神农在 3 月中旬后期，马咀在 2 月下旬初。

同一示范区，同一品种，在不同的温度水平下，发育期持续时间长短不同。就红灯品种而言，在塬畔示范区，四个大棚温度不同，从 1 号棚到 4 号棚，花期的最高上限温度依次升高 2 ℃，分别为 16、18、20、22 ℃，从四个大棚红灯品种的开花期和果实生长期的气温看，平均温度越高，开花期越早，4 号棚最早在 2 月 12 日，其余三个棚在 2 月 25 日左右，推迟 10 余天，见图 6.6。

花期温度在 16～22 ℃控制下，红灯花期持续时间平均 21 d，果实生长期 25 d，从萌芽到成熟 70 d 左右。没有加热设备等温度调控措施情况下，最早开花期在 2 月上旬中期左右，坐果在 2 月下旬初，即各地开花期为塬畔 2 月 3 日，马咀 2 月 5 日，最早坐果期塬畔 2 月 24 日，马咀 2 月 21 日。在有加热设备情况下，红灯最早开花期在 1 月 16 日，坐果期在 2 月 15 日左右，发育期比自然环境下的偏早，开花期偏早 15 d 左右，坐果期偏早 10 d 左右。

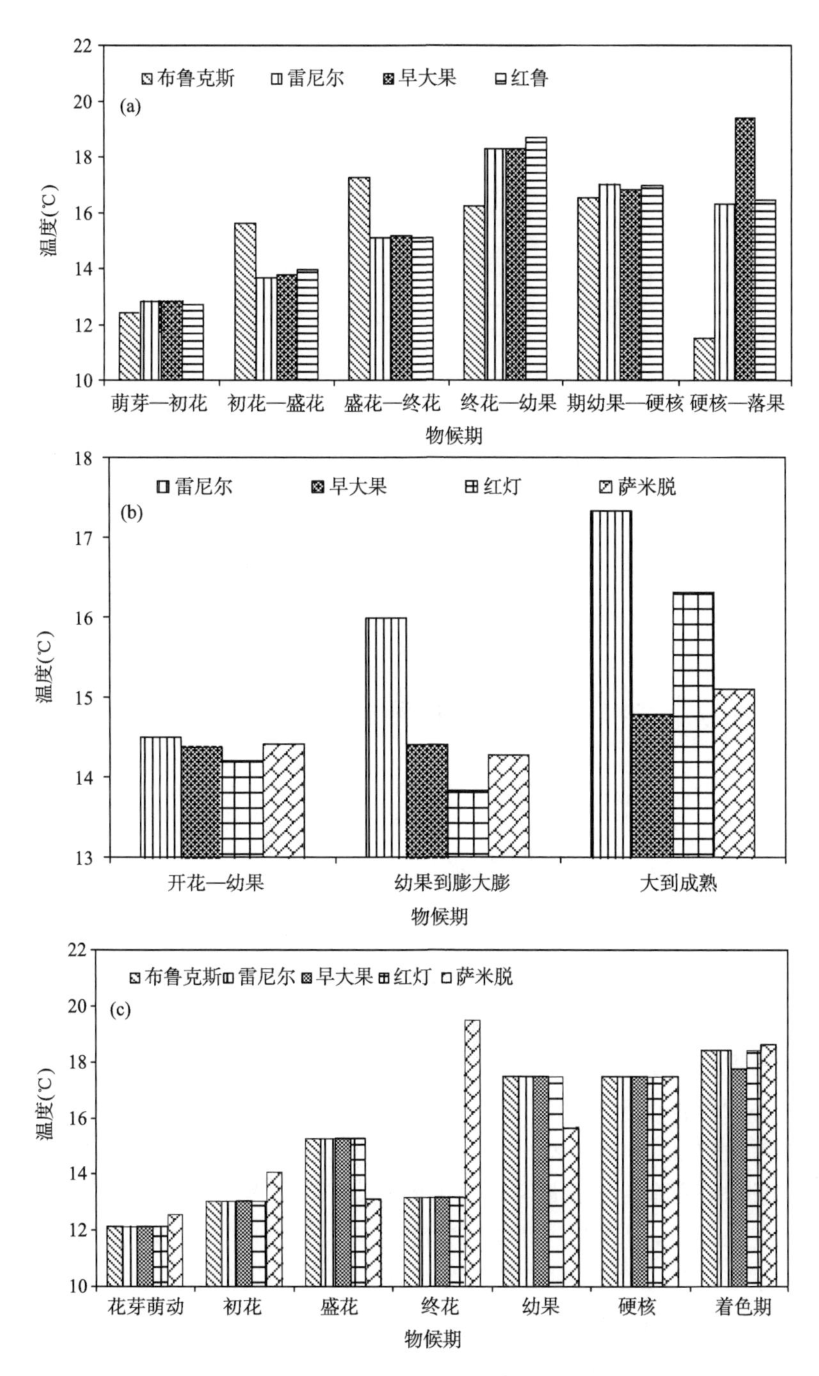

图 6.5　不同品种樱桃在不同地区发育期温度(单位:℃)

(a)神农;(b)周陵;(c)塬畔

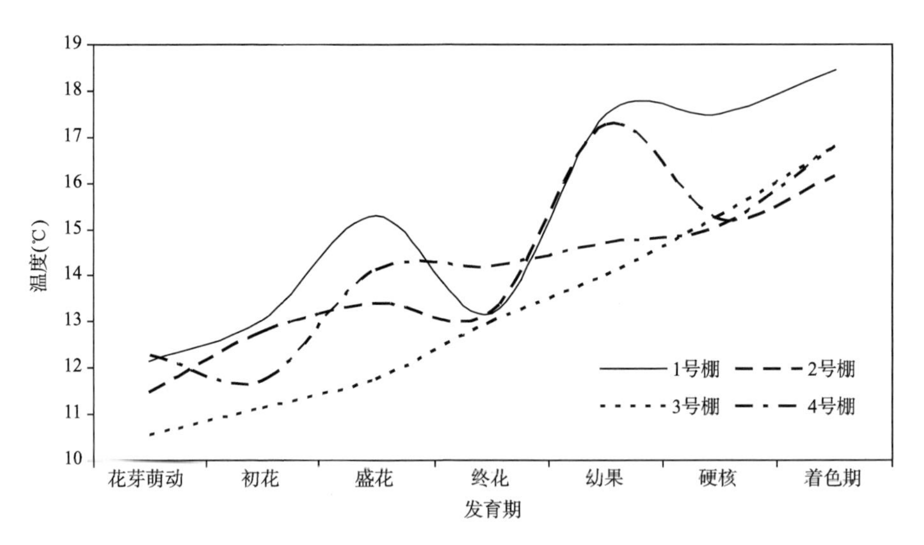

图 6.6 塬畔四个大棚中红灯的发育期温度

6.7 不同品种在不同环境下生长发育期比较

6.7.1 晚熟品种布鲁克斯

从晚熟品种布鲁克斯生长期的气温和生长期来看(图 6.7),在各个示范区,其生长期曲线一致,持续时间基本相当,塬畔花芽萌动最早,在 1 月下旬初期开始萌动,其次是神农,在 1 月下旬末期到 2 月初,开花前气温基本保持一致的情况下,无论花后温度高低,开花期温度越高,生长期越早。

从不同示范区不同温度调控下的生长发育看,花期温度对整个生长期的长短有决定性影响,见表 6.5。例如:神农 9 号和 8 号大棚同时扣棚,萌芽后,气温调控不同,9 号棚最高气温上限在 18 ℃,8 号棚在 16 ℃。从开花期以后的生长期看,神农 9 号棚花期温度高于 8 号棚,开花后 9 号棚的生长期一直都早于 8 号棚,9 号棚初花期在 2 月 21 日,8 号棚初花期 2 月 27 日,成熟期 9 号棚在 4 月 13 日,8 号棚在 4 月 15 日。

从塬畔大棚不同气温下生长期看,4 号棚花期温度高于 2 号棚,4 号棚大樱桃开花到成熟等生长期始终早于 2 号棚。4 号棚 1 月 20 日萌动,2 月 9 日开花,4 月 17 日成熟,2 号棚 4 月 20 日成熟。

从两个示范区来看,塬畔 1 月下旬初花芽萌动,2 月上旬后期开花,花期

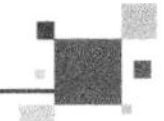

持续19～21 d,2月下旬末期到3月上旬中期坐果,4月中旬中期成熟。神农2月下旬开花,持续15 d左右,3月中旬中、后期坐果,3月下旬到4月上旬进入硬核期,4月中旬前期成熟。

花期温度控制尤为重要,从不同地区大樱桃开花期温度看,塬畔2号大棚樱桃开花期的平均温度为13.1 ℃,神农16.4 ℃,开花期温度塬畔比神农偏低3.3 ℃,花期时间略有拉长,延长了生长进程,不利于早熟上市。

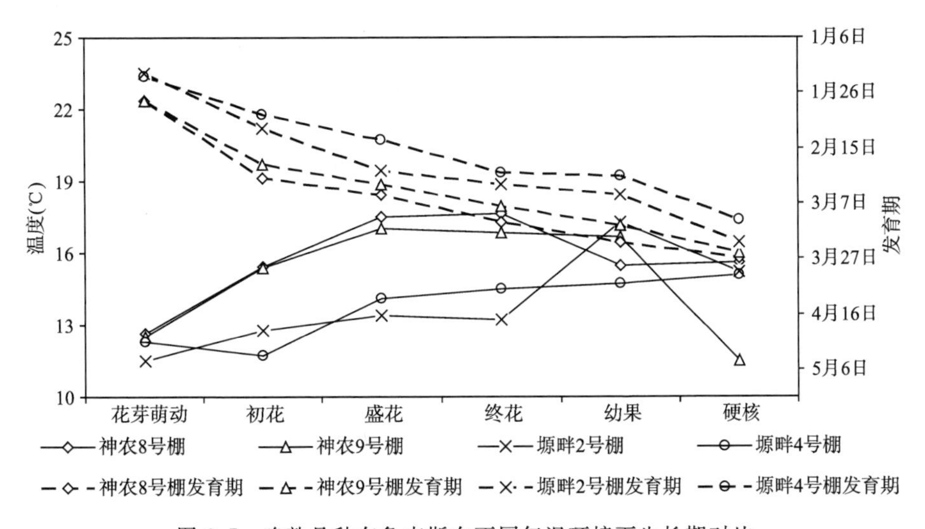

图6.7 晚熟品种布鲁克斯在不同气温环境下生长期对比

表6.5 不同地区花期气温下的晚熟品种生长期

大棚序号	花期最高气温(℃)	初花期(月-日)	花期(d)	坐果期(月-日)	成熟期(月-日)
神农8号	16	02-27	15	03-22	04-15
神农9号	18	02-21	16	03-15	04-13
塬畔2号	18	02-09	19	03-05	04-20
塬畔4号	22	02-03	21	02-28	04-17

6.7.2 早熟品种早大果

早熟品种樱桃在不同示范区受不同气温影响,生长期也不同,见图6.8和表6.6。神农4号棚花期最高气温的上限设置为16 ℃,塬畔1号大棚花期最高气温的上限设置为16 ℃,初花期不同,花期持续时间也不同,神农4号大棚的初花期在2月25日,塬畔1号大棚的初花期在2月8日,但花期持续时间明显拉长,为20 d,而神农4号大棚开花期持续了15 d。

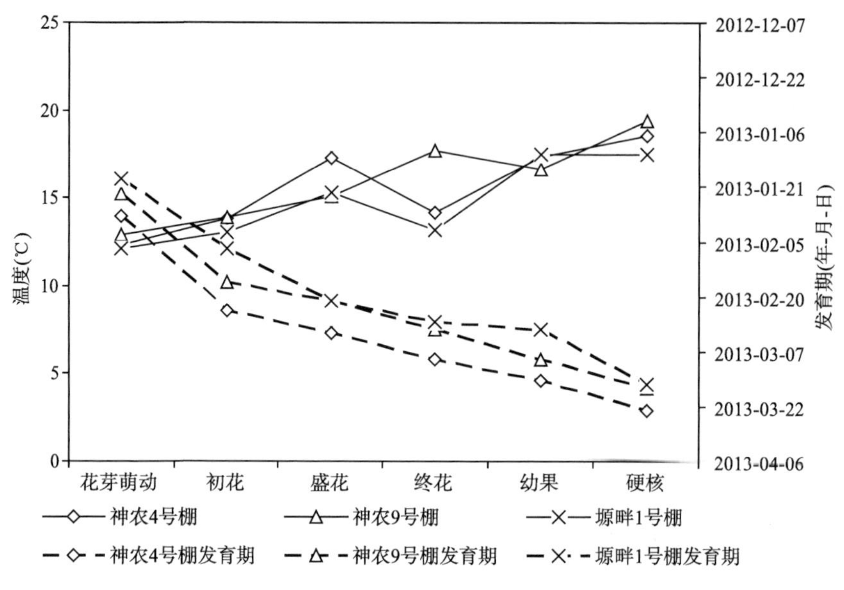

图 6.8 早熟品种早大果在不同气温环境下生长期对比

表 6.6 不同示范区气温下的早熟品种生长期

大棚序号	花期最高气温(℃)	初花期(月-日)	花期(d)	坐果期(月-日)	成熟期(月-日)
神农 4 号	16	02-25	15	03-16	04-13
神农 9 号	18	02-17	13	03-10	04-07
塬畔 1 号	16	02-08	20	03-02	04-15
塬畔 4 号	22	02-03	21	02-28	04-11

6.8 发育期早晚与温度的相关性分析

樱桃发育期与温度密切相关,见表 6.7。花期持续时间与成熟期相关度为−0.73,果实生长期持续时间与终花期温度相关度为 0.956。花期平均温度与成熟期相关度为−0.93。即成熟期的早晚与开花期温度密切相关,果实期长短与终花期温度密切相关。

表 6.7 不同时期温度与成熟期的相关性

	萌动期温度	终花期温度	花期平均温度	生长期温度	初花期温度	盛花期温度
成熟期	−0.897	−0.492	−0.93	0.486	−0.766	−0.851

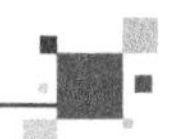

根据相关性分析，利用统计回归初步建立了成熟期预测方法，如下：

$y=42226-5.94x_1-1.69x_2-0.443x_3-15$，$x_1$，$x_2$，$x_3$ 分别为平均温度，花期温度，果实生长期温度。

利用此预测模型对 2014 年成熟期进行了试报检验，误差在 2～5 d，预测结果如下表 6.8。

表 6.8　2014 年基于不同时期温度模型模拟成熟期(单位:℃)

区域	花芽萌动期	花期	果实生长期	成熟期预测(月-日)	实况(月-日)
马咀	13.4	14.5	16.8	04-01	04-03
塬畔	12.3	13.8	17.5	04-08	04-05
周陵	12.1	14.2	16.5	03-20	03-15
神农	12.8	15.1	17.3	04-03	03-30

6.9　效益对比

表 6.9 给出了不同扣棚期及花期温度对产量、效益的影响。可以看出，人工智能棚樱桃成熟期最早，上市时间在 3 月上旬，正好是国内樱桃上市的空档期，每公斤价格在 600 元，每株产量在 5 斤左右，一个 80 株樱桃树的大棚产值约为 12 万元。日光温室上市在 3 月下旬，市场价格比人工智能棚降低，每公斤约在 150 元，每株产量约 5 斤左右，则一个 150 棵树的大棚产值约为 5.6 万元。而露地樱桃 5 月上旬上市，每公斤价格在 40 元左右，一亩地约有 100 株树，产值大约 2 万元左右。一亩地人工智能棚、日光温室、露地栽培樱桃的效益比为 6∶3∶1。

从花期温度和产量关系看，最高温度不超过 23 ℃时，随着温度升高，产量提高，但超过了 25 ℃时，产量下降，超过的小时数越多，产量越低。

表 6.9　不同扣棚期及花期温度对产量、效益的影响

基地	加温措施	花期温度			产量(斤/棚)	株产量(斤/株)	效益(万元)
		平均温度(℃)	≥22 ℃小时数(h)	最高温度(℃)			
三联公司	空调	14.3	4	22.6	400	5	10～12
	自然	12.6	30	23.1	400	5	6～8
华硕基地	热风机	13.1	1	22	1000(盛果树)	7.5	15
神农生态园	自然	16.3	80	29.7	500	3.3	5

第 7 章　大樱桃品质与气象条件的关系

果实的总糖、总酸含量及其比值是衡量果品品质的重要指标。国内外对于樱桃果品品质的研究主要是针对总酸、总糖、可溶性固形物，维生素 C 等内在品质的指标开展研究的，而对于造成品质差异的气候条件的研究甚少，本研究尝试探索影响果品品质的关键性气候因子，开展樱桃品质的气候评估，为樱桃生产中的气候条件调控提供科学的依据，探讨更好的小气候调控措施和田间管理技术及措施，为规范化小气候调控和田间管理提供指导和参考。

7.1　果实品质研究

7.1.1　果实性状及品质研究概况

樱桃果品品质包括外观和内在的品质两个方面，外观是指果面色泽、果实大小、形状等，而内在品质用总酸、总糖、可溶性固形物，维生素 C 等指标来评价（高佳等，2011）。

山西省农业科学院研究所相关专家（王贤萍等，2011），定量分析研究了多个樱桃品种果实的总酚、原花色素、绿原酸、总糖、总酸含量与果实形态指标对果实风味品质的影响，建立了包括植物多酚在内的樱桃果实品质评价标准体系，提出了衡量樱桃果实风味品质的主要指标是植物多酚类物质的总量和种类，主要评价指标有糖分、有机酸、多酚和花青素的含量及其抗氧化活性，并将樱桃果实风味品质的数量指标进行了分级。

提出植物多酚类物质引起不同类型的樱桃品种风味，由“涩、酸→无涩、酸甜可口→酸甜、甜”变化的主要因素，并找出了不同风味的品质樱桃的口感平衡临界点，风味品质指标为：总糖≥15％、总酸≤1.0％、总酚≤700 mg/kg（其中绿原酸≤45 mg/kg）、总糖/总酸≥15，总糖 / 总酚≥200。

对于同一品种而言，生长环境不同，气候、海拔、土壤以及其他生长条件都会影响果实的品质（刘法英等，2011），栽培在优生区的樱桃才可以表现出

优良的经济性状。

7.1.2 评价指标研究

国内诸多专家曾经对中国樱桃和甜樱桃的果实性状及品质差异进行了多项研究分析，一般认为，果实的风味主要由果实的含糖量、含酸量及芳香物质所决定，糖、酸总含量及其比值。将果实的含糖量、含酸量及糖酸比作为评价果实品质和风味优劣的指标，认为果实发育期长、可溶性总糖含量高的甜樱桃品种，果实的糖酸比较大，果实的风味和品质好。此类研究为种质资源创新和利用提供了理论参考。

陈晓流等(2004)等人利用RAPD技术分析樱桃不同品种间的DNA区别，进行樱桃种质资源遗传多样性分析，开展资源鉴别、杂交亲本选育等工作，可以区分中国樱桃核甜樱桃，与葱生物学形状上反映的相当，红灯、大紫为一类，但鉴定效果不理想。有人曾在贵州遵义师范学院樱桃园开展了试验研究(史洪琴等，2010)，以红灯、大紫等品种为试材，测定了樱桃果实的可溶性固形物含量、维生素、可滴定酸、单果重、果柄长、果形指数(果形指数为纵径、横径之比)等，鉴定评估了果实风味和品质，结果显示，风味、品质较好的品种，可溶性固形物含量都在14.5%以上，可滴定酸含量在0.66%以下，风味、品质差的品种，可溶性固形物含量在9.21%以下，可滴定酸含量在1.42%以上。从不同品种樱桃测定的结果看，单果重、可溶性固形物为品种间主要的品质差异，其中，红灯、大紫为风味、品种较好的品种，红灯的果形指数较小，单果重最大，大紫的果形指数好于红灯，单果重低于红灯。

蔡宇良等(2005)等人测定了果实主要内含物与果实的发育期有关，发育期短的早熟品种果实可溶性蛋白质和糖含量低于果实发育期长的中、晚熟品种。提出了西安地区樱桃优质果品的指标参数，即中上标准品质的果实可溶性总糖含量在12.42%～17.83%，优质果的平均糖酸比指标应达到31.37。

贾海慧等(2007)在山东泰安对红灯、大紫等大樱桃品种和中国樱桃的部分生理指标进行了研究比较，监测数据表明，大樱桃品种的可溶性糖含量和蛋白质含量高于中国樱桃，红灯口感酸甜，风味较浓，大紫风味较淡。大紫最先裂果，裂果率较高，红灯最晚裂果，裂果率最低。

刘法英等(2011)等对北京门头沟区不同生态区的甜樱桃进行研究，发现海拔高度影响果实产量和品质，一般表现出随着海拔升高，容易形成花芽，果实着色好，果实糖、酸、维生素C含量增加，硬度增大等，不同生态区甜樱桃果实单果重差异主要是由土壤因子和海拔高度差异造成的，不同的生长期，气候条件不同，其果实的可溶性固形物含量、可滴定酸含量不同，而不同年份的甜樱桃果实品质主要是受气候条件的差异造成的，即不同年份的果实品质不同。

综合各种评价樱桃果实品质的研究，除进行总糖、总酸及其比值的评价外，也要将樱桃酚类物质总量及其影响口感的主要酚类物质（如：绿原酸、原花色素等）以及不同测试指标之间的数量关系统筹考虑，进行综合评价，总糖、总酸、总酚含量等，均可列为进行樱桃品质综合评价的指标。

7.2 果品品质论证

经查阅大量文献，发现影响果品品质的指标很多，比如果实发育期平均气温（20 ℃）的高低，对果实发育的速度、果实大小及果实品质有显著影响。低温寡照造成树势弱，花芽发育不良，花粉发芽率低，坐果少，果实成熟晚，品质下降，硬度差，可溶性固形物减少等。土壤湿度，相对稳定，不容易裂果。7—8 月高温、干旱，对花芽分化不利，常使花芽发育过度，出现大量双雌蕊花，形成畸形果。但从气候角度对果实品质进行评价的研究甚少，本文拟从气候条件出发，根据果品品质指标的气象诱因，从以上因子出发进行对比分析，评估不同气候对果实品质的影响，希望提出适宜的气候指标，开展果实品质的气候论证，为果品品质鉴定和销售提供可靠的理论依据和参考。

7.2.1 果品品质论证的气候指标研究

果实品质的优劣常用多个果实性状指标来评判，包括果实硬度、可溶性固形物、果实含糖量、总酸量、单宁、酚类、维生素 C 等（贾海慧等，2007），不同品种樱桃果实性状指标存在差异，可溶性固形物含量、含酸量是樱桃品质好坏的关键因子（杨军等，1998），含酸量高的果实品质差（贾定贤等，1991），樱桃生长过程中，受到气象条件和耕作、施肥病虫害、品种特性以及增产措施等一系列农机措施的影响，气候条件为樱桃生长提供首要的光、温、水等生态因子，对果品品质的形成有很大的作用，不同的社会生产力水平和气象条件，不同气候区形成的果实品质不同。

高佳等人对欧洲甜樱桃品种的果实性状进行了综合评价，测试了红灯、早大果、雷尼、先锋、美早等不同品种果实的单果重、果形指数、果肉质地、口感、可溶性固形物含量等，结果表明红灯、美早、早大果等红色系果实在维生素 C、总酚含量上表现较好，而雷尼等糖酸比高，口感好，但总酚含量较低。

本文通过对两年期间，铜川地区几个地区的露地早熟樱桃品种红灯的

气候条件与果实风味、固形物含量、果实硬度等品质的评估对比，初步找出铜川地区樱桃果品品质的气候指标，开展樱桃品质的气候论证，对不同地区的樱桃品质优劣进行评价，为生产优质果品提供小气候调控的理论依据。

7.2.2　果品生长气候条件分析及品质气候评估方法

对樱桃生长期的气候条件评估主要分两部分，一是气候资源，二是气象灾害。果品品质气候总的评分公式为：

$$X = \alpha - \beta \tag{7.1}$$

主要气候资源情况（α）包括：α_1：花期平均气温（权重 14%），α_2：花前≥10 ℃积温（权重 11%），α_3：花前最低气温（权重 12%），α_4：果实期平均气温（权重 10%），α_5：果实期最高气温（权重 9%），α_6：成熟前最低气温（权重 10%），α_7：着色期气温日较差（权重 13%），α_8：成熟期降水量（权重 10%），α_9：成熟期日照时数（权重 11%）。评分公式如下：

$$\begin{aligned}\alpha = 0.14\alpha_1 + 0.11\alpha_2 + 0.14\alpha_3 + 0.1\alpha_4 + 0.07\alpha_5 + \\ 0.1\alpha_6 + 0.13\alpha_7 + 0.1\alpha_8 + 0.11\alpha_9\end{aligned} \tag{7.2}$$

评分标准：α 表示气候资源情况，总分 100 分。其中 α_{1-9} 在特优（一级）范围＝100 分，在优（二级）范围＝90 分，在良（三级）范围＝80 分。其中 α_{1-9} 在历年平均值±10%范围内时＝90 分，＞10%时＝100 分，＜－10%时＝80 分。评价标准见表 7.1。

表 7.1　气象资源评分标准表

标准	特优（一级）	优（二级）	良（三级）	所占权重（%）	对品质的影响
α_1：花期平均气温	8～10 ℃	＜8 ℃	＞10 ℃	14	3月下旬到4月上旬，气温高，利于开花，授粉，坐果率高
α_2：花前≥10 ℃积温	280 ℃·d	250～280 ℃·d	＜250 ℃·d	11	3月下旬到4月上旬，热量高，开花整齐，花期持续时间短
α_3：花期最低气温	＞0 ℃	－2～0 ℃	＜－2 ℃	12	3月下旬到4月上旬，温度低，花期拉长
α_4：果实期平均气温	15～16 ℃	12～14 ℃	＜12 ℃	10	4月中旬到5月上旬，气温高，利于糖分积累
α_5：果实期最高气温	＜26 ℃	26～30 ℃	＞30 ℃	9	4月中旬到5月上旬，温度过高，容易裂果
α_6：成熟前最低气温	4～6 ℃	3～4 ℃	＜3 ℃	10	4月下旬到5月上旬，气温低，糖分少

续表

标准	特优（一级）	优（二级）	良（三级）	所占权重（%）	对品质的影响
α_7：着色期气温日较差	12～13 ℃	10～12 ℃	≤10 ℃	13	4月下旬到5月上旬，温差小于13 ℃时，温度升高，含糖量增加
α_8：成熟期降水量	≤20 mm	20～40 mm	≥40 mm	10	4月下旬到5月上旬，降水多，裂果重含糖量低
α_9：成熟期日照时数	180～200 h	<180 h	>200 h	11	4月下旬到5月上旬，光照充足，含糖量高

樱桃主要气象灾害情况(β)包括：β_1：花期低温冻害（权重40%），β_2：春季干旱（权重25%），β_3：阴雨（权重35%）。

因气象灾害影响效果有限，按统计及经验估算影响程度最多占20%。

$$\beta = 0.2(0.4\beta_1 + 0.25\beta_2 + 0.35\beta_3) \tag{7.3}$$

气象灾害评分标准见表7.2。

表7.2　气象灾害评分标准

灾害分级	β_1 花期低温冻害	β_2 春季干旱	β_3 阴雨
无灾害	0	0	0
轻微	10	10	10
严重	20	20	20

7.2.3　果品品质气候论证结果

通过对2013年大田樱桃和大棚樱桃的果实生长期气候进行对比，主要比较周陵大田樱桃和新区大田樱桃、周陵大田樱桃和大棚樱桃，对果实品质影响的9个气候要素。各自果品品质的气候要素得分如表7.3。

表7.3　果品品质气候条件评分结果

气象要素	周陵大田樱桃		新区大田樱桃		周陵大棚樱桃	
	要素值	得分	要素值	得分	要素值	得分
花期平均气温(℃)	13.3	100	13.5	90	14.4	100
花前≥10 ℃积温(℃·d)	335.75	100	378.4	100	372	100
花期最低气温(℃)	−0.7	80	−0.1	80	7.5	100
果实期平均气温(℃)	16.9	90	16.4	90	16	90
果实期最高气温(℃)	31.7	90	32.9	90	20	80
着色—成熟最低气温(℃)	8.4	100	6.7	90	9.5	100

续表

气象要素	周陵大田樱桃		新区大田樱桃		周陵大棚樱桃	
	要素值	得分	要素值	得分	要素值	得分
着色期气温日较差(℃)	11	90	12.2	80	8	80
成熟期降水量(mm)	2	100	26	80	0	100
成熟期日照时数(h)	151.5	100	101.8	100	93.6	100
评分结果		94.2		88.5		95

从周陵大田樱桃和新区大田樱桃影响果品品质的气候要素对比看,周陵大田樱桃果品品质的气候评分高于新区大田樱桃,即周陵樱桃的气候条件好于新区,主要因素在于周陵大田樱桃开花期比新区晚,低温危害小,花期最低气温适宜,果实期的最低气温高于新区,日较差较高于新区。而新区樱桃生长期的主要不利优质果品形成的气候条件是果实成熟期降水偏多。

从周陵大田与大棚樱桃栽培条件对比看,大棚栽培改善了樱桃花期和果实期等关键生长期的温度,提高了最低气温,花期低温的危害影响减弱,但是明显地降低了着色期的日较差,不利于着色期的糖分积累。

总体上,中部地区果品品质好于南部地区,大棚栽培的果品品质好于大田樱桃栽培的果品品质,即大棚栽培明显改善了果品品质的气候条件,为优质果品形成奠定了良好的环境基础。这一结论与观测的实际情况基本相符,周陵樱桃甜度好,固形物含量高,新区樱桃甜度低,单果重略小于周陵。

7.3　裂果气象条件

裂果一直是影响甜樱桃果品质量和经济效益的重要问题之一,一般发生在成熟期,产量损失可达10%左右,造成大樱桃裂果的原因有春季阶段性干旱,在接近成熟期突遇大雨或大水漫灌,或者土壤板结,排灌条件差,使土壤含水量增大,也与品种的抗裂水平有关。干旱遇雨是裂果的主要原因,在大樱桃生产的成熟期遇到雨季,造成土壤湿度急剧变化,水分通过根系输送到果粒,果粒吸收水分后,使果肉细胞迅速膨大,果粒中的膨胀压增大。因而胀破果皮,形成裂果,其影响程度在不同地区、不同品种和不同年份间差别很大。

夏永秀等(2010)认为内部与外部诸多因素共同作用导致裂果,包括品种砧木、果实形态结构、果实生理生化特征、外界环境因子及钙素营养等方面的因素,当果实通过维管系统和果皮吸收水分时,体积膨胀产生膨压,容易导致裂果，同时，果实的裂果敏感性也受控制细胞膨胀的机理和果皮的破裂应力大小影响。

近年，铜川市大樱桃采前裂果问题尤显突出，严重影响其商品性，并已经成为困扰果农增收的重要因素。主要由土壤水分含量的不均衡分布、果实成熟期的降水或采前经旱遇雨引起的。下面从冬春季降水等气象要素入手，初步分析引起裂果的气象因素。

7.3.1 冬春季降水情况与裂果率

2012年，开展樱桃试验观测及研究以来，对全市各地大棚樱桃和大田樱桃开花期、果实生长期等关键物候期跟踪监测，对16个大棚的裂果率进行了调研，观测地点在马咀现代农业示范园区、塬畔现代农业示范园区、神农樱桃生态园区、周陵现代农业示范园区。分析2013—2014年裂果原因，找出造成裂果的气象因子。

将铜川站和耀州区2012—2015年的资料连成一个序列，分析裂果率与月降水量关系，分离出四个变量，分别为10—2月降水量、3—5月降水量、5月降水量、上年9月降水量。利用相关分析统计这四个变量与裂果率的关系，相关性分别为－0.458，0.512，0.225，0.987。冬季降水量与裂果率呈反相关，即冬季缺水易引起裂果，春季和上年9月降水越多，裂果率越重。首要因素为上年9月降水量，其次为3—5月降水量和冬季降水量，5月降水量相关性较低。

将樱桃休眠期(10月—2月)、春季(3—5月)、5月降水量三个时段的降水量来进行普查，见表7.4，并将其与历史同期的降水量进行对比分析，结果发现，2012年樱桃树休眠期10—2月降水量偏少，10—2月总降水量为24.2 mm，比历年同期偏少72.1%，2013年3—5月降水量112.4 mm，比常年同期偏多5.8%，5月降水量81.4 mm，比常年同期明显偏多54.6%，从休眠期到果实成熟期，降水分布不均，前期干旱，后期降水偏多，是造成裂果的主要原因之一，尤其是成熟期降水频繁，最终造成裂果和霉变。

表7.4 10月—5月时段降水情况(单位:mm)

年份	10—2月	距平	3—5月	距平	5月	距平	上年9月	距平
2012—2013	24.2	62.8	112.4	6.2	81.4	28.8	132.7	41
2013—2014	61.1	−25.9	152.5	46.3	50.7	−1.9	82.1	−9.6
2014—2015	39.1	−47.9	149.7	43.5	36.8	−15.8	196.2	104.5

2013－2015年选取三个示范区，每个示范区两个样本，共6个样本进行了探索分析，将各时段降水量与裂果率进行敏感性分析，按照相关性程度，

依次找出各个因子的分级评估指标，即10—2月降水量、3—5月降水量、9月降水量，5月降水量的临界值。将大于或小于气候平均值的10%，作为指标。初步将裂果指标定为上年9月降水量大于100 mm，3—5月降水量大于115 mm，5月降水量大于55 mm，10—2月的降水量小于78 mm。

从历史降水量看，10—2月的降水量小于78 mm的概率为48.5%，3—5月降水量大于115 mm概率43.9%，5月降水量大于55 mm概率42.8%，9月降水量大于100 mm概率37.1%。

各时段降水量对裂果率影响的相关性程度从高到低的顺序依次为：上年9月降水量、3—5月降水量、10月—次年2月降水量、5月降水量。结合各个时段的历史降水量发生概率来看，铜川地区大樱桃的裂果风险较大。见图7.1。

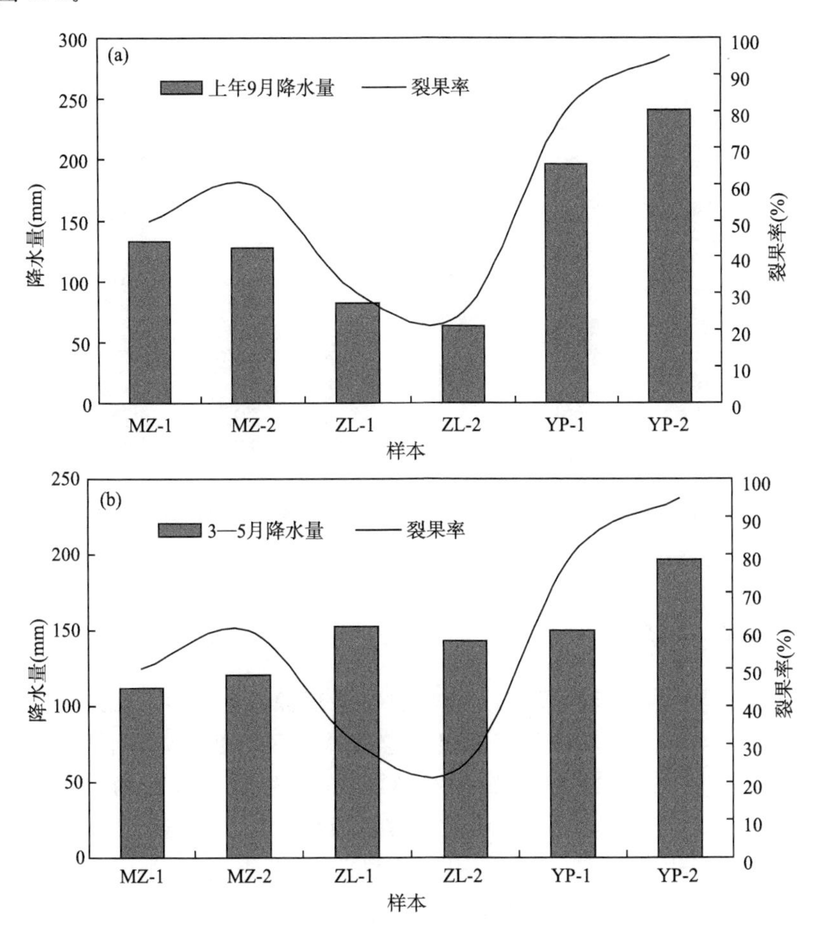

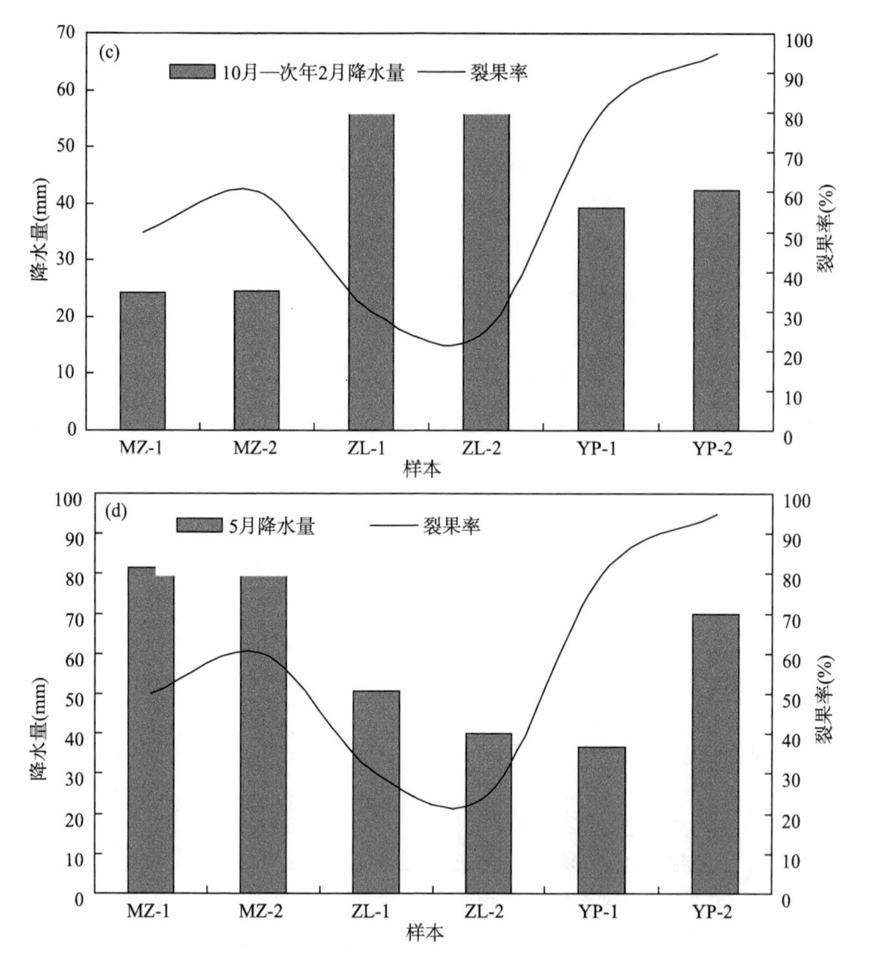

图 7.1 各阶段降水量与裂果率的关系(MZ 指马咀,ZL 指周陵,YP 指塬畔)

(a)上年 9 月;(b)3—5 月;(c)10 月—次年 2 月;(d)5 月

7.3.2 裂果调查

从露地樱桃生长看,果实成熟期的裂果现象在个别年份比较严重,从 2012—2013 年铜川南部耀州区马咀大樱桃示范区的裂果调查看,早大果裂果率较重为 29%,其次是红灯为 21.3%,红冠裂果率较低为 16%(见表 7.5)。如 2009 年和 2013 年陈坪大田樱桃成熟期裂果比较严重。2013 年,铜川市设施樱桃栽培区也有不同程度的裂果,据调查,新区神农公司布鲁克斯品种裂果率 60%～70%,红鲁比裂果率 30%～40%,其他品种在 10%以下。印台区三联果业公司布鲁克斯裂果率高达 70%～80%,早大果 50%,其他品种在 30%左右。陈坪村栽植的艳阳、萨米脱、拉宾斯裂果相对较重,其

他品种较轻。

表 7.5 2012—2013 年不同品种裂果率(单位:%)

棚号	红灯	早大果	红冠
大棚 1	7%	45%	16%
大棚 2	45%	4%	11%
大棚 3	12%	38%	21%
平均	21.3%	29%	16%

调查方法:在不同示范区,选择不同大棚,不同的果树,不同枝上进行采样,在果实着色到成熟期对裂果进行调查。即在马咀、塬畔两个示范点樱桃大棚区,随机选棚,每个棚不同品种随机选五棵树,在每棵树上选三个枝,普查裂果数,最后求取同一品种的裂果平均数。

2013 年,铜川马咀、塬畔地区大棚樱桃 2 月下旬到 3 月上旬坐果,3 月下旬对铜川市大棚樱桃进行调查,发现周陵、马咀坐果率比 2012 年大幅提高,均在 50%~70%,但马咀部分大棚裂果较重,而塬畔无裂果。

从马咀调查了 7 个棚,有红灯、早大果、龙冠三个品种,各自裂果率如下:红灯 13%,早大果 28%,红冠 16%。其中 1 号、18 号棚裂果率高,16 号棚基本无裂果,重点选 1、16、9、17 号棚对裂果原因进行分析,1 号棚早大果 60% 裂果率,9 号棚红灯 48% 裂果率,17 号棚龙冠 31% 裂果率,平均裂果率为 46%。

各棚坐果期间田间作业管理如下:1 号棚:3 月 8 日坐果,浇水一次,水量约 10 方水,3 月 10 日揭膜;9 号棚:3 月 2 日坐果,3 月 9 日揭膜,喷硼肥、磷酸二氢钾一次;17 号棚:3 月 3 日坐果,3 月 8 日前揭膜,喷硼肥一次,施有机肥一次。

7.3.3 气候特点分析

从露地樱桃果实期观测看,2009 年和 2013 年裂果严重,经统计降水资料,发现成熟期的阴雨是主要诱因。即当连阴雨天数在 4 d 以上、过程降水量大于 40 mm 或日最大降水量大于 20 mm 时,樱桃裂果率会明显增加。

2009 年 5 月 9—15 日出现 7 d 连阴雨天气,过程降水量 53.9 mm,最大日降水量 13.5 mm,根据果业局统计,2009 年樱桃裂果率由往年的 2%~3%上升到 7%~8%,如果后期天气突然转晴,裂果率会继续上升到 10%左右,将大大降低樱桃的品质,当年新区已经挂果的约 5000 亩成熟樱桃均受到阴雨天气的威胁,如果裂果率进一步加大,损失将会更重。2013 年 5 月 24—29 日出现 6 d 连阴雨,过程降水量 72.4 mm,最大日降水量 41.5 mm,各地樱桃裂果率较重，高达30%～50%。

2010年、2011年裂果不明显。2010年5月12—17日出现6 d连阴雨，过程雨量21.1 mm，最大日降水量8.9 mm，2011年5月20—22日出现3 d阴雨，过程雨量35.4 mm，最大日降水量18 mm。

大棚樱桃裂果不仅与棚内小气候环境有关，同时，也受外界大气候环境影响。对比2011—2013年冬春降水、气温特征及裂果现象分析，发现冬春降水与裂果率有密切相关，2013年冬春降水量小，有旱情，裂果率高，其余年份降水量多，裂果率小。

2012—2013年冬春连旱，旱情严重，全市平均降水量15.7 mm，比历年同期偏少7～8成，尤其冬季2012年12月20日—2013年1月8日，持续30 d无降水。2011年12月到2012年2月旱情较轻。

同时，气温与裂果率也相关，冬春气温越高，裂果率越高。2013年3月平均气温偏高2～3 ℃，为有气象记录以来高值年份。3月气温变化幅度较大，上旬气温略偏低，中下旬气温异常偏高，中旬气温各地均排在有气象记录以来第6位，下旬气温偏高4.2～5.0 ℃，中部为有气象记录以来第三高值，北部和南部均为次高值。2012年3月平均气温比常年同期偏低0.6～0.7 ℃，上、中旬气温偏低0.2～3.3 ℃。

7.3.4 棚内小气候特点

图7.2给出了2013年3月1日—31日马咀1号棚晴天棚室内外气温(图7.2a)、湿度(图7.2b)日变化情况。3月1号棚内最高温度达25.3 ℃，最低温度11.8 ℃，平均温度为17.7 ℃，夜间平均温度在13.3 ℃，白天平均温度为22.16 ℃，完全满足果实生长期的温度要求。晴天时，棚内外日平均温度差异在5.3 ℃，最高温度差异在10.8 ℃，夜间差异5.47 ℃，白天温室效应明显，气温升高较快。

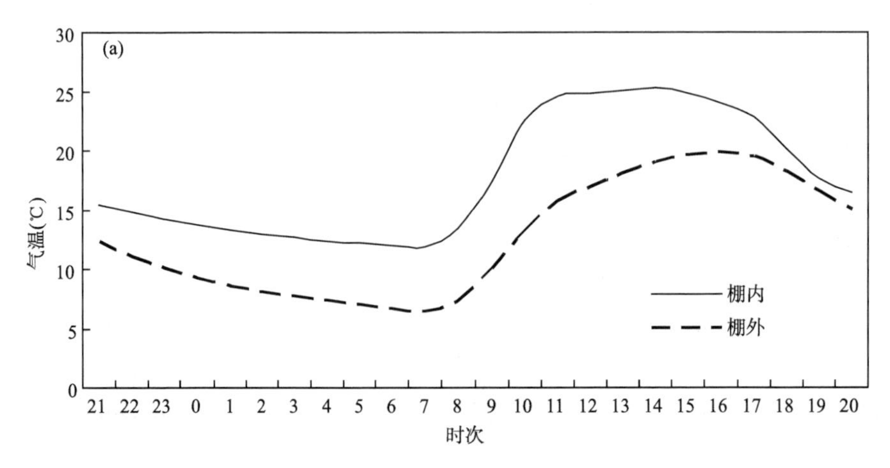

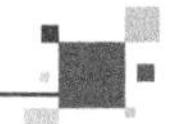

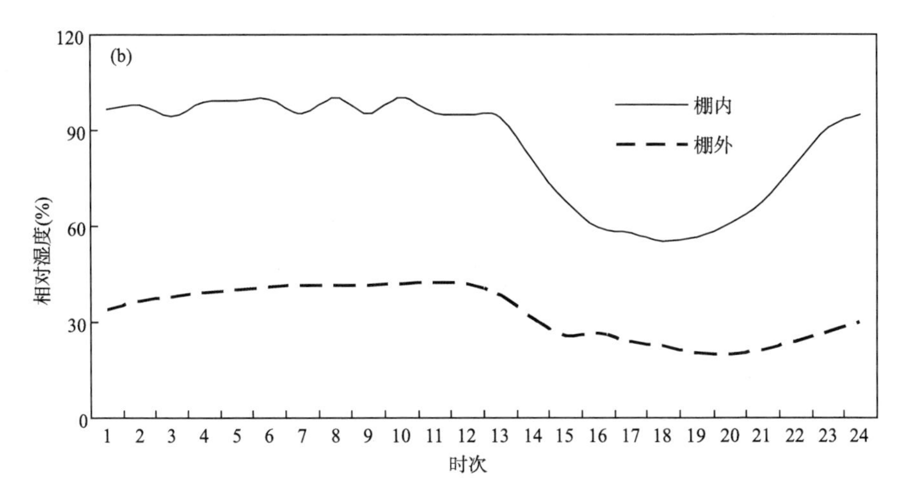

图 7.2　2013 年 3 月 1—31 日马咀 1 号棚晴天棚室内外温、湿度日变化曲线

(a)气温；(b)湿度

1 号棚晴天时室内外气温日变化曲线显示，棚内外平均温度变化趋势基本一致，从 8 时开始，持续升高，8 点到 10 点从 13.5 ℃升高到了 22.6 ℃，上升速率可达到 4.57 ℃/h，呈单峰型，14 时温度达到最高，为 25.3 ℃。

室内相对湿度变化出现两个高值区，分别是上午 8 点和下午 23—24 时，而棚外高值区在上午 10—12 时，棚内湿度最高为 94%，最低 40%以上，棚外最高 42%，最低 20%，温室大棚提高湿度约 50%以上。

7.3.5　三月份棚内温湿度变化

图 7.3 给出了 2013 年 3 月 1 日—31 日 1 号、16 号棚内温湿度日变化情况。从 1 号棚 3 月温湿度配置图(图 7.3a)看，1 号棚有 12 d 超过 25 ℃的高温时段，持续时间长，湿度偏小，8 日气温最高 28.98 ℃，湿度最小为 11%，平均最高气温 24 ℃，平均湿度 43%。16 号棚温湿度图上(图 7.3b)，3 月出现的高温低湿时段只有 3 d，最高气温 27.75 ℃，最低湿度 11%，平均最高气温 22.13 ℃，平均湿度 39.2%。1 号棚气温超过 25 ℃持续时间比 16 号棚明显多，超过了果实膨大期温度极限。

7.3.6　裂果前期温湿度变化

根据果实生长期对气象条件的指标要求，即白天气温上限为 25 ℃，湿度下限为 60%，夜间温度下限为 10 ℃，夜间湿度为 70%，将 3 月 6—8 日的棚内温湿度和指标进行对比，用距平图来表示棚内的温湿度适宜性。

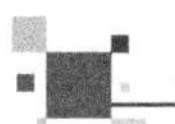

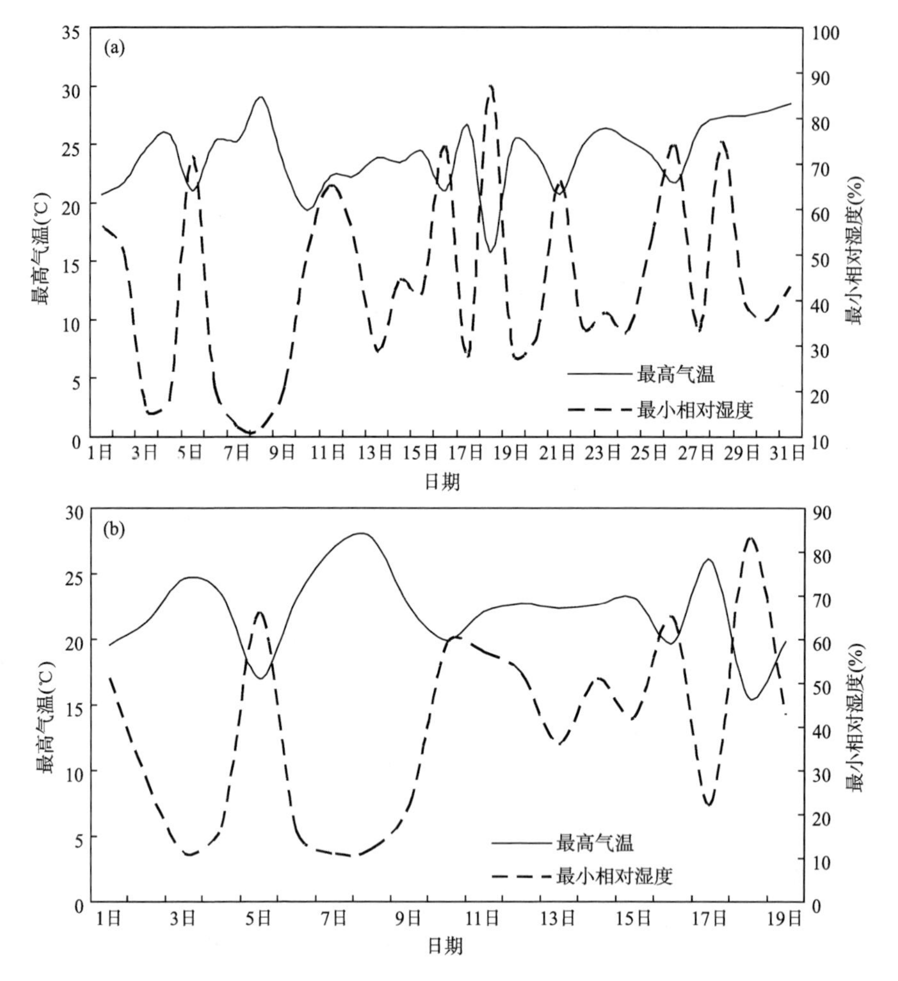

图 7.3　2013 年 3 月 1 日—31 日棚内温湿度变化曲线

(a)1 号;(b)16 号

从 1 号棚 3 月 6—8 日的温度距平曲线图(图 7.4a)看出,白天 3 月 8 日气温明显偏高,持续时间最长,从 11:00 到 18:00,气温持续升高,7 h 气温均在 25 ℃以上,14:30 分气温达到了最高 29 ℃,为正距平,幅度 1.7～3.8 ℃,即比果实生长的温度指标上限偏高 1.7～3.8 ℃,十分不利。7 日出现了两次 25 ℃以上的高温峰值,持续了 6 个多小时的 25 ℃以上高温,11:14 到 12:40快速升高,最高气温为 27 ℃,之后通风降温,到 13:09 后,又升高,14:10达到 27.22 ℃,直到 17:14 温度降低到了 25 ℃以下,负距平在1.3～2.2 ℃。6 日持续了 3 h 25 ℃以上高温,从 11:30—14:30,13:30 最高气温达到 26.95 ℃。

从 1 号棚 3—8 日湿度变化距平(图 7.4b)看,6 日白天开始湿度明显偏

低，从11时到18时长达7 h为负距平，幅度在16%～40%。夜间基本满足果实生长需求，为正距平，昼夜湿度差异较大，夜间平均湿度70.78%，白天平均24%，白天14时最低降至19.2%。7日和8日白天和晚上均出现了负距平，出现了两次低谷，7日是8:40—18:11和19:10—23:30两个时段，8日为两个时段，距平均在18%～48%。8日白天平均湿度24%，夜间平均湿度34%，仅仅上午8—9时湿度在60%左右，其余时间均偏低，长达24 h偏低幅度在16%～47%。长达45 h相对湿度偏低，不能达到果实生长期的要求。

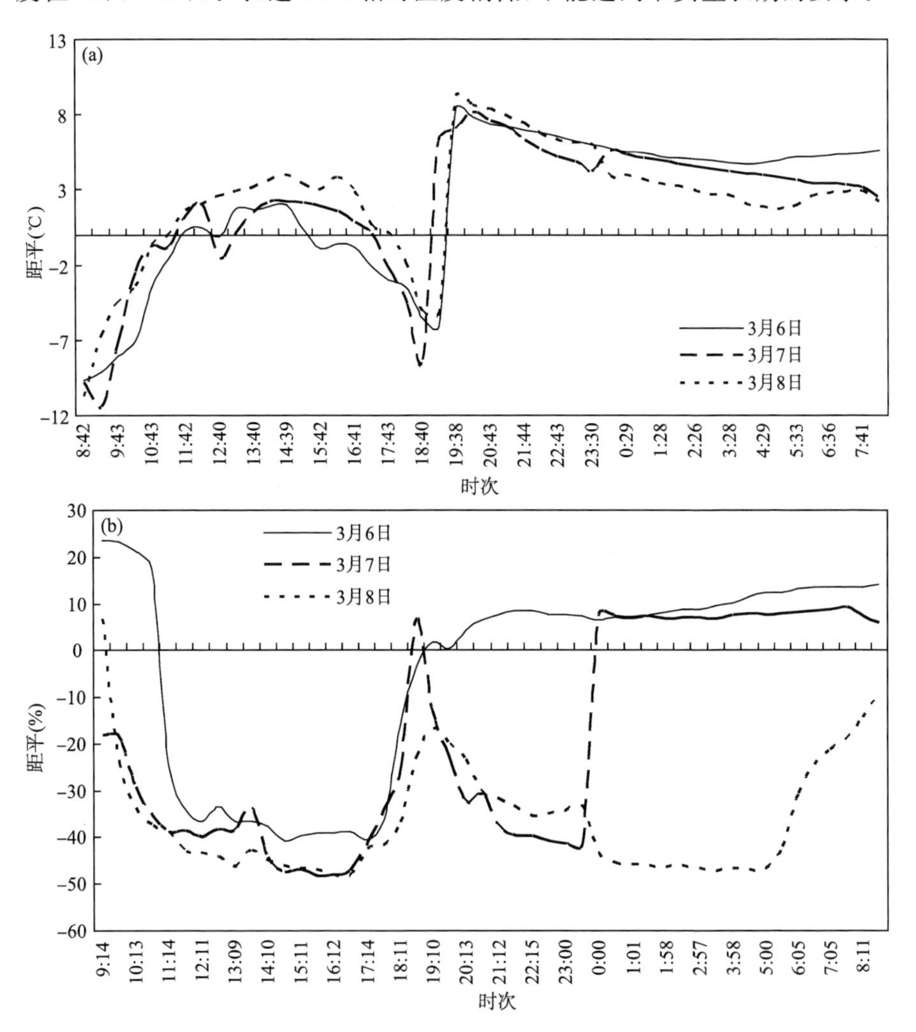

图7.4　3月6—8日1号棚内温湿度与果实生长期指标差的距平

(a)气温距平；(b)湿度距平

从16号棚3月6—8日的温度距平曲线图(图7.5a)看出，16号棚3月8日25 ℃以上高温持续了5个多小时，从12时到17:33，高温出现的时间推

迟了 1 个小时,15:40 最高气温为 28.2 ℃,气温距平在 1.5～3.2 ℃,7 日高温从 13:00—16:35,持续时间 3 个多 h,气温距平在 0.9～2.34 ℃。6 日无 25 ℃以上高温,6—8 日 25 ℃以上高温持续时间为 8 h,最高气温 28.2 ℃。

从 16 号棚湿度变化(图 7.5b)看,夜间湿度控制较好,基本满足果树生长指标要求,为正距平,6 日夜间平均湿度在 77%,白天平均湿度 42%,从 10:56 开始,一直下降到 19:50,16:09 达到最低 14.62%,累计有 9 h 为负距平。7 日 9:25 以后持续下降,16:05 达到最低 9.9%,持续 13 h 为湿度负距平,夜间平均湿度 75%,白天平均湿度 28%,昼夜湿度差约为 50%。8 日 8:56开始湿度直线下降,到 23:30,持续了 15 h 低湿度状态,16:41 最低湿度 12.45%,整个高温过程中,累计 37 h 相对湿度为负距平。

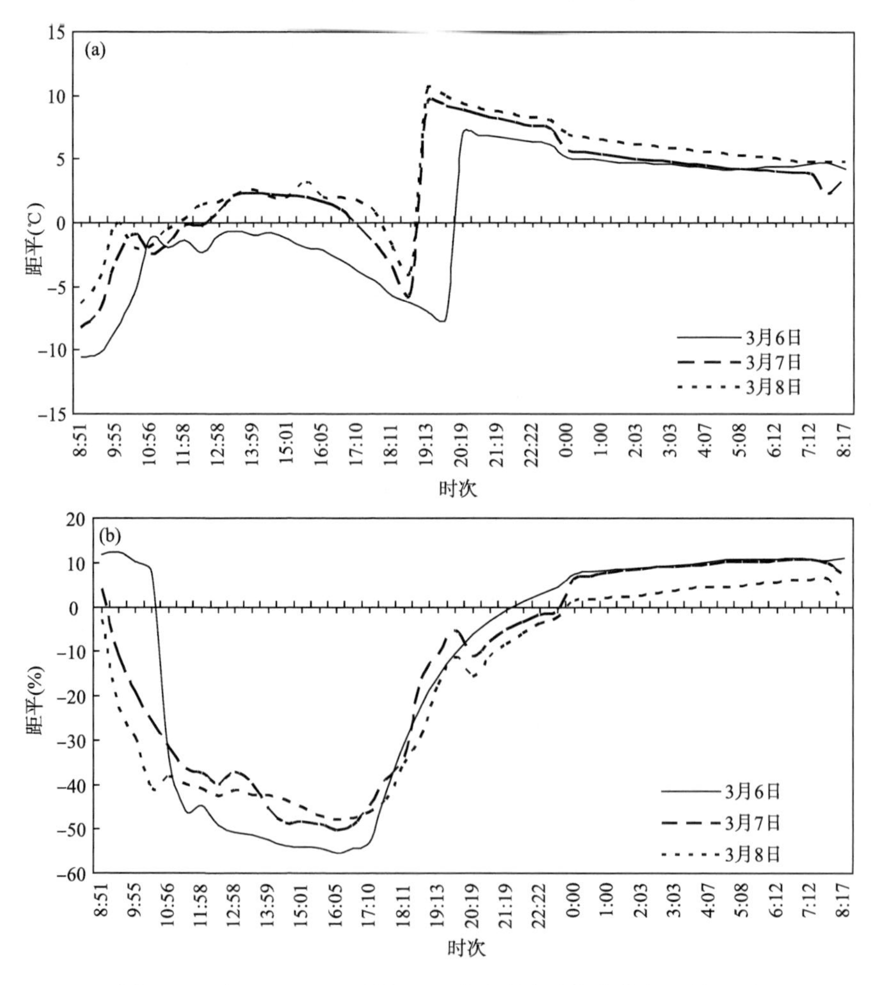

图 7.5　3 月 6—8 日 16 号棚温湿度与果实生长期指标差的距平

(a)气温距平;(b)湿度距平

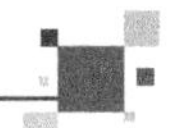

从 1 号棚和 16 号棚内温度的变化来看，16 号棚 3 月 6—8 日的高温持续时间和强度小于 1 号棚，1 号棚 6 日—8 日 25 ℃以上高温的持续时间累计为 16 h，最高气温为 29 ℃。16 号棚高温持续时间为 8 h，最高气温 28.2 ℃。

从 3 月 6—7 日的棚内温湿度曲线图看，白天相对湿度普遍偏低，达 20%以下，而日落后盖帘后湿度又很快升高，湿度日较差最大达 40%以上。从 11 时 30 分开始到 18 时左右，相对湿度持续偏低，之后随着帘子逐渐放下，才缓慢升高到 60%以上。而此时果实膨大期白天对湿度的要求在 60%～70%，湿度长期处于不适宜状态，十分不利于果实生长。

同时，通过 1 号、16 号、9 号、17 号大棚的温湿度小气候特点对比来看，1 号棚最高温度最高，持续时间最长，湿度最小，调控较差，裂果率最高达到 60%，16 号棚最高温度持续时间最短，几乎无裂果。

3 月塬畔示范区樱桃大棚出现高温低湿时间强度较小，只有 2 d 出现了午后超过 25 ℃的高温，最高气温为 29 ℃，最小相对湿度为 6%，虽然气温高，但其基本稳定，湿度基本位于 10%～35%之间，使棚内外湿度达到均衡，及时采取了通风，出现裂果很少。

从大棚内气象条件分析发现，晴好天气下，高温低湿及昼夜湿度差异较大，持续时间长，通风不好，或者降温措施不力，导致裂果。

7.3.7 防御裂果的主要调控措施

从试验数据分析看，铜川地区引起裂果的原因主要是果实生长期湿度过大，昼夜湿度差异大，气温过高，而且持续时间长引起的，可以通过调控气候条件，来降低裂果率。针对高湿条件，在晴天时，要及时通风降温降湿，尤其是上午 8 时和下午 19 时，此时是低温高湿期，可以通过吹风机或升温降湿，10:30—11 时和 13—14 时为气温迅速升高时段，要及时开启通风口来降温，预防突然高温引起裂果。

山东部分地区的樱桃成功管理经验表明，首先要选择抗裂品种，如先锋、拉宾斯和柯迪娅等抗性好的品种，但裂果的数量和程度则因品种不同而异。樱桃裂果多是采前经旱遇雨造成的，选用在雨季到来前成熟的早熟品种，如如早丰、红灯、芝罘红等，以避开雨季，避免裂果。栽植晚熟品种应注意品种的抗(耐)裂性，合理浇水以及在秋季给土壤使用钙肥，可以预防裂果发生。

还有其他的防御措施有：调节土壤水分含量，使土壤含水量保持在土壤最大持水量的 60%～80%。樱桃裂果与土壤水分含量的不均衡分布有密切关系，如当土壤长期处于缺水状态，突然遇雨就会发生裂果；如果土壤水分保持相对饱和稳定，即使突然降雨，裂果也会较轻。浇水后，地面要及时划锄，改善园内小环境，降低园内湿度，保持土壤水分均衡。调节树体水分和营养，在樱桃开花前、幼果期和果实膨大期分别喷洒“瓜果壮蒂灵”+0.3%～0.5%尿素加0.3%磷酸二氢钾液，提高果实品质，调节果树体内水养均衡，增强树体活性，防治樱桃裂果。采收前喷布钙盐据试验，在果实采收前，每隔7 d连续喷布3次0.2%的氯化钙液+“新高脂膜”，可减轻樱桃裂果，延长货架期。在果实开始着色、雨季到来之前，建造塑料薄膜遮雨大棚，造成无雨小环境，也可有效防止裂果。

做好樱桃园的排灌工作。树苗成活以后，把果园要整成沿着树行高，行间低的形式。这样有利于排水，减少土壤板结，排灌条件好。

建园时选择沙壤土。一般沙壤土裂果轻，黏土地裂果重，黏土地遇雨后，水分不容易流失，从而使土壤含水量增大，造成裂果。沙壤土能为根系的生长创造一个良好的土壤环境。樱桃的根系多分布在20～40 cm的土层内，在土质疏松、透气性良好、土质肥沃的土壤，能较好调节土壤含水量，从而减少裂果。

在4月中旬，喷0.5%的高能钙。钙能提高果皮的韧性，促使细胞壁发育，以此来提高果实的抗裂能力。

果园覆草或铺反光膜。果园覆草可以减少地面水分蒸发，保持土壤湿度的相对稳定，使果实正常发育，从而减少裂果。铺反光膜，是沿着树行以主杆为中线，整成中间高、两边低的两面坡形。行间留出沟行作业带，雨水可沿作业带流出园外，减少根系对水分的吸收，从而降低裂果率。

7.3.8 检验评估

2015年，春季3—4月降水频繁，降水量明显偏多。3月17—19日、22—25日降水，各地普降小到中雨，南部降水量45.8 mm，中部降水量，恰好与大棚樱桃和大田樱桃的成熟期相遇，造成部分来不及采摘的樱桃裂果。

2015年为厄尔尼诺年，受到大气候环境的影响，春季降水明显偏多。首场透雨明显偏早，区域性大雨为中南部有气象记录以来首次强降雨且春季少见：3月17至26日出现春季首场透雨，较常年偏早20 d左右。4月1日全市总降水量19.6～42.8 mm，全市三个国家站降水量均达到大雨量级，中南部雨量为有气象记录以来4月上旬最大。神农大棚樱桃4月上旬果实期遇到低温，连阴雨造成了坐果少，几乎绝收。

7.4 落花落果气象条件

近年来，随着农村产业结构的调整和我国市场经济的发展，大樱桃生产

在我国各主产地得到了迅速发展，栽培范围日益扩大，栽培技术、栽培方式有了很大改进和提高，特别是大棚栽培技术的应用、推广，获得了高额的经济效益。但由于管理水平的不同，造成大棚樱桃幼果期落果的现象较为普遍。国内外相关专家大都从大棚管理(比如施肥、田间管理等措施)出发，提出大棚樱桃幼果期落果现象及应对措施。

落果有两种，一种是生理落果，另一种是非生理落果。樱桃生理落果一般有三次:第一次出现在谢花以后两周左右出现落花、落果。主要是授粉树没有配植好，或遇花期低温、多雨，不利于昆虫传粉，致使授粉、受精不良。此外上一年采果后管理不当，影响了花芽分化的质量，造成花器发育不全，出现畸形花等。因而落花严重，果实不能膨大。第二次落果发生在果实硬核期。主要是肥水不足，营养生长与生殖生长发生矛盾，造成养分竞争，使果实得不到足够养分，果核不能硬化，最终幼果变黄脱落。第三次落果出现在采前一周左右。这是由于结果过多，果实间发生养分竞争激烈，因养分不足，引起落果是主要原因。对于这一种落果来说，这是一种生理性病害，是樱桃缺乏微量元素造成的。一般出现落果的樱桃的萼片也不新鲜，不是鲜绿色，而是有些发黄。有的樱桃落果后，果实掉落下来，但萼片有时候可能还在植株上面。仔细观察萼片，会发现萼片与果实相连的部位会出现离层，造成果实与萼片连接不紧密，造成落果。

非生理原因主要是:一是栽培品种单一或授粉树配置不当:大樱桃大多数品种不能自花结果，栽培时品种单一，缺少授粉树或授粉树配置不当，授粉不亲和等，都会影响授粉受精质量，造成只开花，不坐果。二是树体营养不良:土壤有机质含量低，根系浅，生长发育受阻，树体贮藏养分匮乏，树势和营养状况下降，都会引起坐果串降低。三是温湿度控制不合理:花前花后温度过高，棚内白天超过25摄氏度，会使花器官受伤，枝头萎缩干枯，有效授粉时间缩短，花粉生命力降低，幼果发育慢，新梢徒长，加重生理落果。花期湿度过大，也易造成花粉吸水失活或黏滞，扩散困难，影响坐果。四是管理粗放，病虫害严重:对病虫害发生时期、规律、最佳的防治时期把握不住，以及对农药防治的范围、对象不清楚，常造成流胶病、穿孔病、早期落叶病严重，树体积累营养减少，加重了落花落果。

还有另外一些原因，如:偏施氮肥。如前期施用量过大易造成植株徒长，影响花芽的分化和发育，即使有花芽分化，后期也会晚落。有机肥不足。樱桃番茄具有无限生长性，生长势旺，需要养分多，如施入有机肥少造成后期养分供应不足而脱落。种植过密。如栽植过密导致光照不足，植株也易徒长，造成营养不良，开花少、坐果率低。光照不足。遇到连阴天气，见光少，使植株光合产物积累减少，营养不足，易导致落花。温度不适。温度过高或过低，都会影响开花授粉。

陕西省内，对于大樱桃落果现象从气象要素方面进行分析研究的不多，本文通过在温室环境下监测试验，试图从气象角度出发，分析2013年和2014年铜川地区大棚内温度、湿度，找出大棚樱桃幼果期落果严重的原因。

7.4.1 数据来源与方法

调查对象：选择铜川市耀州区马咀现代农业示范园区为实验基地，根据棚主提供的落果信息，选择3个大棚内种植的拉宾斯、早大果、红灯为调查对象。

调查方法：首先确定3个大棚，登记每个大棚中樱桃树的品种，在每个棚中选择3个品种的樱桃树各5棵，每棵树随机选择5个观测枝，计算出平均落果率。

调查结论：分别调查了拉宾斯、早大果和红灯的落果率；拉宾斯落果较重，红灯次之，早大果落果率较小，且2014年比2013年落果严重，见表7.6。

表7.6 马咀大棚樱桃落果调查表

年份	拉宾斯	早大果	红灯
2013年	40%	44%	56%
2014年	74%	52%	65%

7.4.2 气象条件影响分析

本文选用的棚内气象资料为成都鑫芯有限公司的温湿度报警仪数据，大棚外的资料为耀州区国家基本气象观测站资料；主要利用统计分析方法，统计分析了樱桃生长关键期，即开花期和幼果期的空气温度及相对湿度，分析时段为2月—3月。

7.4.2.1 开花期分析

大棚樱桃整个花期(从开始出现花蕾到全园有50%以上的花朵正常脱落)一般持续23 d；侯红亮等(2015)研究大樱桃生长环境，提出开花盛期白天温度为20～22 ℃，绝对不能超过25 ℃，花期的相对湿度宜在40%～60%。

如表7.7所示，2013年开花期(2月6日—28日)日平均最高气温较2014年开花期(2月10日—3月4日)低，2014年日平均最大相对湿度高于2013年。

表7.7 大棚樱桃开花期高温高湿统计表

年份	日平均最高气温(℃)	日最高气温≥25 ℃天数(d)	日平均最大相对湿度(%)	日最大相对湿度≥60%天数(d)
2013年	24.6	8	80.9	23
2014年	26.5	4	85.8	23

从图 7.6 可以看出，2013 年开花前期最高气温明显低于 2014 年，使花器官受伤，花朵枝头萎缩干枯，有效缩短授粉时间，花粉生命力降低，幼果发育慢，新梢徒长，加重生理落果。2013 年开花后期虽然日最高气温高于 2014 年，但 2014 年最大相对湿度明显高于 2013 年，造成花粉吸水失活或黏滞，扩散困难，影响坐果。

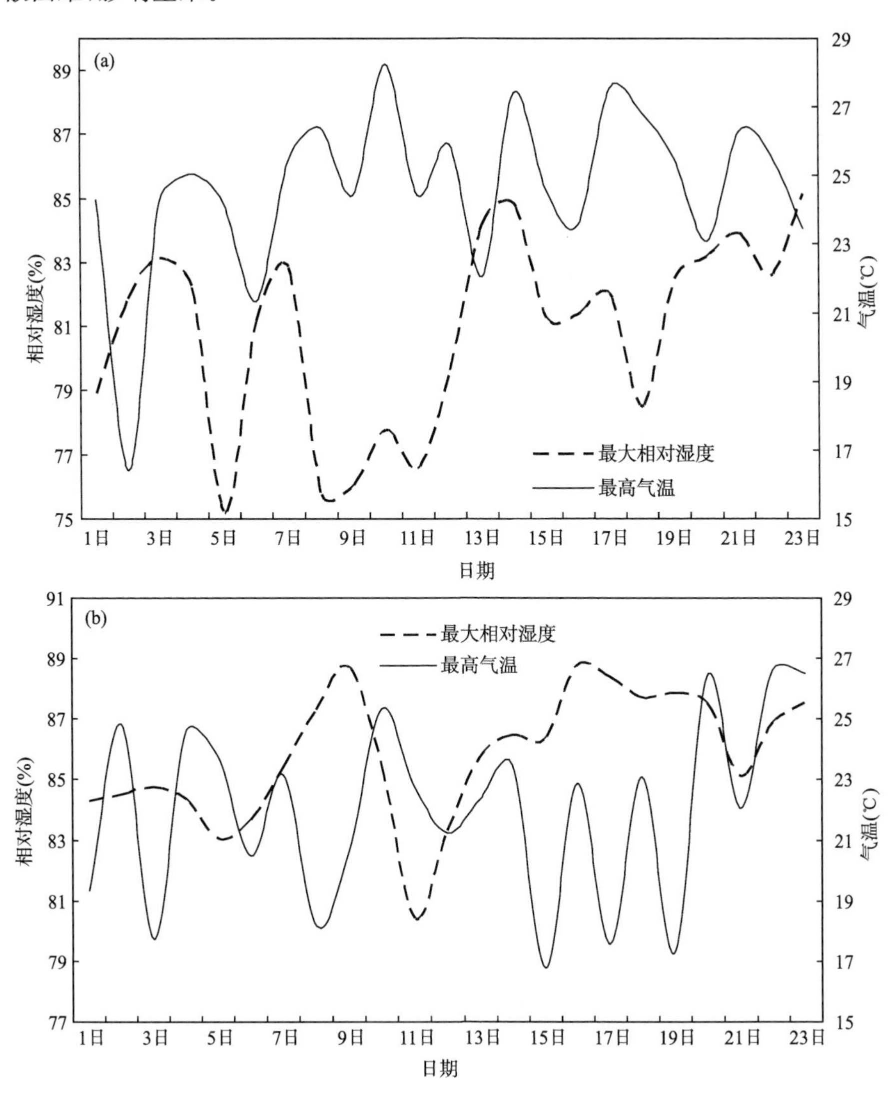

图 7.6　2013—2014 年开花期高温高湿序列图

(a)2013 年；(b)2014 年

7.4.2.2　幼果期分析

从幼果期 3 月日平均气温与相对湿度变化趋势看，见图 7.7，就线性趋

势的 R^2 值而言，2013 年较 2014 年更接近于 0，说明 2013 年 3 月日平均气温和空气相对湿度对于 2014 年更趋向于稳定，对樱桃生长较为有利。从 3 月日平均气温分析：2013 年 3 月日平均气温最高值与最低值的差值为 6.9 ℃，2014 年日平均气温最高值与最低值的差值为 9.8 ℃；幼果期气温的高低不稳定，造成樱桃幼果期果实营养吸收及生长的不均衡。2013 年日最高相对湿度≥60%有 22 d，2014 年有 28 d；幼果期湿度过大时会引起病菌滋生，侵染叶片和幼果，进而产生落果等现象。

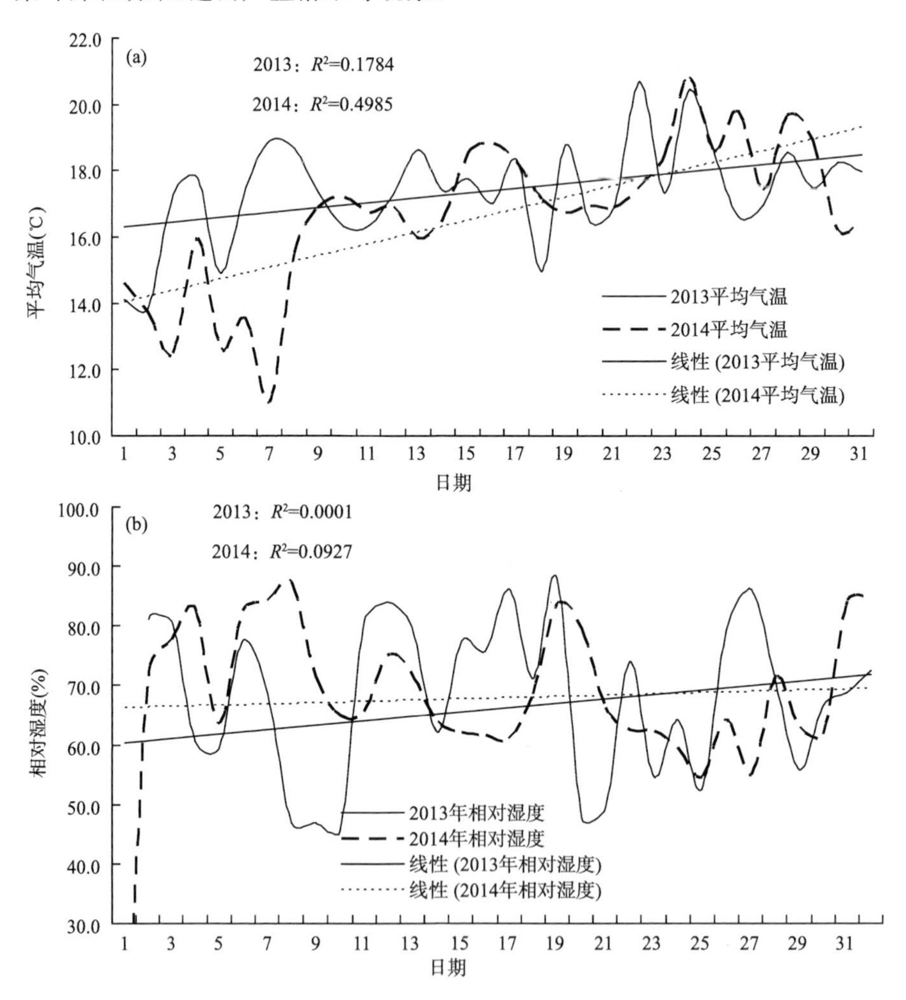

图 7.7 幼果期 3 月日平均气温与相对湿度变化趋势

(a)气温；(b)湿度

7.4.2.3 影响分析

樱桃是喜光强的果树。光照条件好时，树体健壮，果枝寿命长，花芽充

实，坐果率高，果实成熟早，着色好，糖度高，酸味少。光照条件差时，树体易徒长，树冠内枝条衰弱，结果枝寿命短，结果部位外移，花芽发育不良，坐果率低，果实着色差，成熟晚，质量差。

在 2013 年大棚樱桃开花期降水天数为 5 d，连阴雨过程为 0 次，日照时数为 112.1 h；而 2014 年降水天数 16 d，连阴雨过程 2 次，且均为 7 d，日照时数仅为 63.5 h。由此可得知，开花期遇连阴雨天气，造成光照的不足，对大樱桃坐果影响较大。

7.4.3　结论

樱桃开花期间，日最高气温超过 25 ℃的高温气候使花器官受伤，花朵枝头萎缩干枯，有效缩短授粉时间，花粉生命力降低，幼果发育慢，新梢徒长，加重生理落果；高湿气候造成花粉吸水失活或黏滞，扩散困难，影响坐果。樱桃幼果期，气温的高低不稳定，大的日较差造成樱桃幼果期果实营养吸收及生长的不均衡；湿度大于 60％的持续时间长时，会引起病菌滋生，侵染叶片和幼果，进而产生落果现象。开花期遇连阴雨天气，造成大棚内空气相对湿度≥60％，光照不足，产生授粉条件差因素，对大樱桃幼果期影响较大。

防御落果措施有：①补充微量元素。可往叶面喷洒微量元素的叶面肥，如黄腐酸盐（一袋兑 1 喷雾器）或绿芬威二号（一袋兑 3 喷雾器）、瑞绿或金回报等进行叶面喷雾，可减轻樱桃果情况的发生。②增施养根肥。要注意在施肥时多施生物肥，如土根丈丸、美奇海藻肥、樱花生物肥等做底肥，冲施快吸收等可促进西红柿根系的生长，保证对各类养分的均衡吸收，可减少樱桃落果。同时要注意施施钾肥。③灌根。可用金回报或绿力神或海力或甲壳丰或强力壮根剂（1 瓶兑 8 至 10 喷雾器）等或生根剂等进行灌根，一棵灌药液半斤，以促进根系生长。

7.5　提高品质的措施

7.5.1　施肥与品质

目前，控制大樱桃旺长所用的手段除使用植物生长抑制剂（如多效唑、PBO 等）、环割、环剥、断根外，还要注意施肥的时机和肥料成分的选择。大樱桃与苹果等一些晚熟果树不一样，需要将基肥的施用提早到采果后的 7 月份进行。7月份是大樱桃最容易旺长的时机，此时施用有机肥，必然要挖沟断根，客观效果上起到了断根控长的作用，因此大樱桃基肥夏施也是控制树势的一个重要手段。大樱桃夏季施肥，还必须十分注意肥料成分的配比，必须严格控制尿素等氮素肥料的使用，应以腐熟的有机肥为主，并配合施入适量的钾肥，少量施入磷肥。推荐每667 m^2 施入有机肥2 500 kg或纯商品有机肥500 kg，依树大小株施磷酸一铵0.25～0.50 kg、硫酸钾0.75～1.50 kg。夏季施肥，不提倡使用通用型的三元复合肥。因为这类肥料的氮、磷、钾含量各为15%(或各为16%)，夏季施入，对于樱桃树此时的需肥要求来说氮素明显高而钾素供给不足，往往会导致枝叶徒长。另外，春季施入氮素缓(控)释肥，这对于果树也不合适。果树春季是需氮高峰，缓释肥早期无法提供，而夏季却又大量释放氮素易导致枝条徒长。

露地栽培大樱桃春季遭晚霜危害，是影响产量的一个主要因素。生产上除采取必要的防晚霜措施外，将基肥施入时间提早到夏季，是解决这一问题最有效的方法。樱桃的花芽形成时间比较集中，从春梢停长至采收后10 d以内为生理分化阶段，从采收后10～50 d以内是形态分化阶段。这两个阶段的分化，均需要充足而全面的营养。如果营养不足或营养元素单一导致枝条徒长均能造成雌蕊败育(柱头未长出来)，这种败育花显然是不能坐果的。据专家对山东果树研究，春季遇到同样的低温，树势健壮、贮存营养充足的樱桃，花果的冻害只占0.25%；树势衰弱、营养贮存不足的樱桃，花果的冻害占62.3%。由此可见，夏季适时合理的施肥，使树体能及早获得养分的补充，比秋季施肥能有更多的时间进行树体养分的积累，有利于形成优质的花芽，来年会大大减轻晚霜的危害。各地的栽培实例证明，提早合理施用基肥，是避免露地栽培大樱桃树遭晚霜危害最有效的手段。

当前各地栽培的大樱桃，裂果普遍发生，造成严重经济损失。解决裂果问题，除选择抗裂品种、合理浇水等措施外，最有效的措施是施用钙肥。由于钙在果树树体中移动缓慢，钙肥的施入应在前年的秋季，一般每亩施入25 kg硝酸钙为好。因为大樱桃果实生长期短，当年叶面补钙时间来不及，只能是一种辅助措施，还是应以上年的秋季土壤施用才是根本方法。各地群众的栽培实践证明，在同样的品种及管理条件下，坚持连年施用钙肥的果园，裂果极少发生。

7.5.2 坐果率

大樱桃有25%左右的最终坐果率即能满足生产的需要，在各种生长环境的影响下，坐果率受到一定的限制，最终导致减产。一般地，坐果率会受到气温高低，授粉树配置，开花期蜜蜂活动情况等影响。可以通过一系列的

措施方法在一定程度上来提高坐果率，比如：合理配置授粉树，开花期放蜂，提高树体的营养水平等。

钱素娟等认为在正常气候条件下，大樱桃的有效授粉期为开花后 1～4 d，较高的温度条件利于授粉完成得快，如果遇到 4 ℃以下的低温会严重影响授粉，甚至导致不能坐果(钱素娟等，2013)。

花期冻害、大风、阴雨等不良天气条件容易造成雌蕊生殖机能衰退影响正常的授粉受精进程，导致落花，从而影响产量。有的果农片面追求产量，肥水运筹和管理措施不当，造成树势衰弱，坐果多而果个小，采收过早，采后处理技术落后，分级不严，造成果实品质差。从田间管理入手，目前提高坐果率的主要措施有以下几点：

①锻炼花器官。盛花前 10 d 开始，晴天中午天天放风，使花器官尽早经受锻炼，接受一定的阳光直射，提高花芽发育质量。

②喷施生长调理营养液，比如壮果蒂灵、布天达 2116＋金朋液、“樱歌艳舞”等。在盛花期和幼果期，各喷一次，可以提高坐果率，促进果实发育，防落花、落果、畸形果，使果实着色靓丽、果型美、品味佳。

③人工授粉。人工授粉宜在棚室樱桃盛花初期开始，连续授粉 2～3 次。也可以人工采集花粉，用毛笔或橡皮点授。授粉从开花到花开后的第 3 d 均可进行，但以开花当天授最好。

④放蜂授粉。利用蜜蜂或壁蜂辅助授粉可提高花朵坐果率 20％以上。樱桃花期，每个大棚可放置一箱蜜蜂，蜂巢宜放置在距地面 1 m 处，放蜂时间在花开放 10％左右时。

⑤新梢摘心。花后 10 d 左右及时对新梢摘心，防止新梢与幼果生长竞争养分，对提高坐果率也有一定的效果。

7.5.3　高温对花芽分化期的影响

温度是影响果树生长、发育最重要的环境因子之一，温度作为农业气象要素可以调控作物的花芽分化、休眠和开花结实。日光温室或大棚栽培甜樱桃，开花期到果实生长期等关键时期的温度管理调控指标很重要，要符合各生长阶段的温度变化规律，温度的忽高忽低，不利于樱桃生长，尤其是不适宜的高温，在花芽萌动期和开花期，高温越早，始花期也越早，花期明显缩短。但是异常的高温，有可能造成性器官的败育，容易导致开花后大量落花落果(姜建福，2009)。

有研究表明，开花前的花芽萌动期对高温十分敏感，花芽萌动期的短期高温会促使甜樱桃花期提前，并且花期的早晚和长短与高温的持续时间有关。

设施甜樱桃花芽萌动期适宜温度在 18.0～23.0 ℃，最高温度不超过 30 ℃。30～35 ℃高温明显有抑制花冠、花丝、雄蕊和雌蕊的发育，花丝明显变短，花药瘦小，花柱变细变短，子房直径变小等，甜樱桃花器形成阶段的高温可能会造成甜樱桃胚珠、胚囊不能正常发育。但是在花芽萌动期，处于雌、雄蕊发育不同阶段的甜樱桃，遇到高温后，对雌、雄蕊的发育及花期花器官的影响部位和影响程度不同。

高温造成的花器官发育不良，会导致严重的落花落果，尤其是作物花芽萌动期和开花期对高温非常敏感，临近花期的高温对花期影响不大。高温一方面造成花芽发育过快，雌、雄蕊及花瓣出现畸形；另一方面在花粉发育过程中造饱细胞向花粉母细胞过渡和小孢子母细胞减数分裂难成四分体时，如果遇到异常温度，常影响到小孢子的形成和发育，阻碍花粉成熟与花药开裂，并阻碍花粉在柱头上发芽、花粉管伸长，其结果引起不受精，导致不育。

姜建福(2009)研究提出，大樱桃花芽形态分化期的高峰，早熟品种在 5 月 1 日—8 月 20 日，晚熟品种 5 月 1 日—9 月 10 日，普查此阶段各地的高温情况，花芽分化高峰期旬气温在 25 ℃以下，低谷期旬气温在 27 ℃以上，基本有利于开花期的提前，而没有伤害。花芽生理分化期在形态分化期开始前 1 个月，旬气温在 25～27 ℃特别适宜花芽形态分化，利于翌年丰产。设施条件下，花期温度超过 25 ℃，人工授粉不能改善结实，高温可能引起胚囊、珠心退化造成结实不良。

通过对铜川市各设施大樱桃栽培示范基地调查，从花期不同温度对产量和效益的影响来看，见表 7.8，花期温度大于 22 ℃和 25 ℃时数越多，坐果和成果率越低，神农公司花期大于 22 ℃和 25 ℃时数的持续时间分别为80 h 和 20 h，三联公司大于 22 ℃的持续时间 4 h，华硕樱桃基地大于 22 ℃的持续时间 1 h，神农公司的产量和效益明显低于华硕基地和三联公司。

由此提出建议，高温可能造成花药败育，在花序出现前要降低温度，尽量控制在 20～25 ℃，不超过 25 ℃为宜，这样可以加快物候期进程，提早开花，增加坐果率。

表 7.8　2013 年设施樱桃花期温度对产量、效益的影响

基地	加温措施	设施花期（月-日）	花期温度		产量（斤/棚）	株产量（斤/株）	效益（万元）
			平均温度	≥25 ℃时数			
三联公司	设施空调	01-17—02-06	14.3	0 小时。 最高 22.6 ℃。 ＞22 ℃4 小时	400	5	10～12
	自然	02-14—03-02			400	5	6～8

续表

基地	加温措施	设施花期(月-日)	花期温度		产量(斤/棚)	株产量(斤/株)	效益(万元)
			平均温度	≥25 ℃时数			
华硕基地	热风机	02-05—02-25	13.1	0 小时。最高 22 ℃。>22 ℃1 小时	1000(盛果期)	7.5	15
神农公司	自然	02-25—03-15	16.3	20 小时。最高 29.7 ℃。>22 ℃80 小时	500	3.3	5

注:三联公司栽植密度 2 m×2 m,每棚 80 株。(设施为 50 m×7 m);
神农公司栽植密度 3 m×1.5 m,每棚株数 150 株。(设施为 79 m×10 m);
华硕公司栽植密度 3 m×1 m,每棚株数 132 株。(设施为 45 m×9 m)。

7.5.4 改善光照

光是影响果树生产的最重要的环境因子之一。弱光条件下,植物的营养生长和生殖生长均受到很大影响。

中国农业大学学者曾研究过弱光对大樱桃坐果及果实品质的影响(吴兰坤等,2002),对樱桃进行枝条局部遮阳,研究不同光照强度(100%,70%,48%,30%和 11%)及不同弱光时期(果实生长Ⅰ期、Ⅱ期、Ⅲ期)对樱桃坐果及果实品质的影响。结果显示,各弱光处理均降低了樱桃坐果率,降低幅度随弱光程度增大而增大,坐果率与光照强度具有显著的正相关关系,相关性达到了 0.9794。

弱光对樱桃坐果影响主要是碳水化合物的供应不足,造成落果,随光强降低,樱桃单果重也呈下降趋势。而且不同程度的弱光影响表现不同,即轻度弱光(70%)可以引起坐果率下降,但单果重在光强低于 48%的情况下才有明显下降,光强达到 11%时单果重最小。

弱光还降低樱桃果实的可溶性固形物含量(SSC)及果皮花青素含量,果实的 SCC 反映了果实的营养水平,单位面积果皮花青素含量能反映红色果实的着色程度。遮阳不仅降低了樱桃坐果率、单果重和可溶性固形物含量,并影响了樱桃着色。

不同时期弱光影响不同,尤其是樱桃果实生长前期对弱光较敏感。在樱桃果实发育的 I 期(落花至硬核前),弱光对樱桃坐果及果实品质的影响最大,其次是 II 期(硬核期),III 期(硬核后至成熟)弱光的影响最小。

建议在温室樱桃生产中,尤其要做好果实生长前期补光,施用生长调节剂、修剪等来适当控制早期枝梢营养生长,减弱果实生长与枝梢生长同时进行时竞争利用光照的矛盾,从而减少弱光樱桃果实生长的不良影响。

第8章　干旱和连阴雨监测

干旱、连阴雨是大樱桃果实生长期常见的自然灾害，也是影响樱桃品质的主要灾害。陕西地处中国中部内陆腹地，地域南北狭长，跨越3个气候带，耕作制度差异较大，干旱分布极不均匀，几乎每年都有不同程度的旱灾发生。11月到来年5月，陕西地区干旱多发，长时间降水偏少，出现空气干燥，土壤缺水，使农作物体内水分发生亏缺，影响正常生长发育，造成农业减产、人畜饮水困难以及生态环境恶化。樱桃果实生长期，干旱不利于果实膨大，成熟期，连阴雨容易导致裂果。据气候统计，关中—渭北地区逐年的干旱、连阴雨频发，可对大田作物、经济林果等造成不同程度的农业灾害。本文主要内容为铜川等渭北到关中地区冬春季干旱监测及评估，连阴雨的发生规律及影响。

8.1　干旱

8.1.1　干旱的定义

干旱是大气环流、地形、耕作制度共同作用的产物。干旱是指在一定区域一段时间内水分的收或供、水分的支或求发生不平衡而形成的水分盈亏现象，发生频率高、分布广、持续时间长及后延影响大。干旱灾害是陕西最为常见的自然灾害。陕西干旱总的特点是，冬、春旱陕北最多，关中次之，陕南较少；夏、秋旱关中最多，陕北次之，陕南较少。从全省干旱发生的频次看，干旱、半干旱区的关中东部及渭北旱灾最为频繁，时段最长；而湿润、半湿润气候区的陕南地区干旱频次最少，是旱灾程度较轻的地区（杜继稳，2008）。

美国气象学会将干旱分为气象干旱、农业干旱、水文干旱和社会经济干旱（王密侠等，1998）。气象干旱也叫大气干旱，是指在某时段内，由于蒸发量和降水量的收支不平衡，水分支出大于水分收入而造成的水分短缺现象。造成这种干旱的根本原因是水分短缺，主要原因有降水不足和高温、地面风

速等影响加剧了地面水分的蒸发所致。据国内外学者研究，未来干旱风险有不断增加的趋势。为了应对未来干旱灾害的影响，有必要了解干旱灾害的发生规律、农业对干旱的适应性。

气象干旱指标，主要包括降水量距平百分率、标准差指数、无雨日数、Z指数、德马顿干旱指标、旱涝动态指标指数、相对湿润度指数、降水温度均一化指标、综合气象干旱指数等(李星敏等，2007)。

8.1.2　干旱的气候成因

影响陕西地区干旱气象灾害易受损性的自然环境因素主要有地形地貌、气候条件、水系特征、地面植被和土壤类型等特殊性因数。因受季风性气候主要影响，水资源短缺且分布不均，干旱的发生发展、造成影响的区域性明显，使干旱位居陕西主要自然灾害之首，有“十年九旱”、“年年有干旱”、“两年一小旱，五年一中旱，十年一大旱”之说，受到各界普遍关注。其中，降水量是干旱气象灾害中最主要的因素，各地区年降水量 320～1250 mm，且年降水量分配不均，降水主要集中在 7 月、8 月、9 月三个月。全年夏季降水量最多(占全年的 20％～34％)、春季少于秋季(春季降水量占全年的 13％～24％)，冬季降水量稀少(占全年的 1％～4％)，除受降水因素影响外，气温、日照时数、蒸发量、≥0 ℃积温、月降水变化率等气候因子也是造成各地干旱的主要原因。

8.1.3　干旱指标

8.1.3.1　降水变化率

利用关中—渭北地区分区代表站分析各区的月降水变化率，变化率是月降水量极差与降水量平均值的比值，降水量变化率越大，发生干旱的频率越高。

选取澄城、耀州、蓝田、眉县、泾阳五个代表站，普查各地的降水量和降水变率，了解各地的旱情发生特征及规律。

一般认为，非雨季月降水量的年际变化要大于雨季月降水量的年际变化，从图 8.1 五个代表站点的月降水变率变化情况看，秋冬春季的降水变率都大于夏季的降水量变率，特别是秋冬季的降水变率明显大于春夏季，秋冬季降水量少，降水变率大，就较其他季节容易发生干旱。

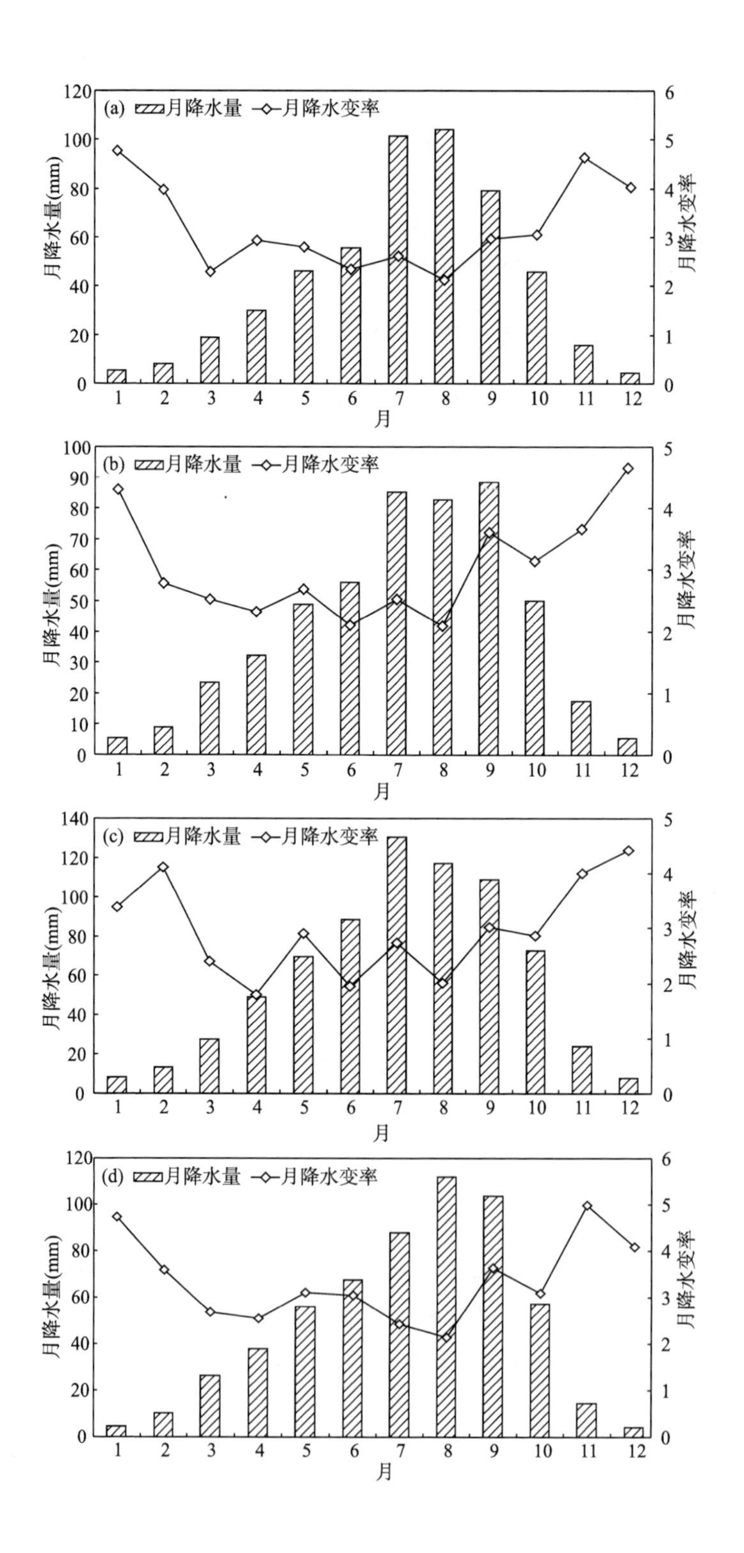
(a) 月降水量 月降水变率
月降水量(mm)
月降水变率
月
(b) 月降水量 月降水变率
月降水量(mm)
月降水变率
月
(c) 月降水量 月降水变率
月降水量(mm)
月降水变率
月
(d) 月降水量 月降水变率
月降水量(mm)
月降水变率
月

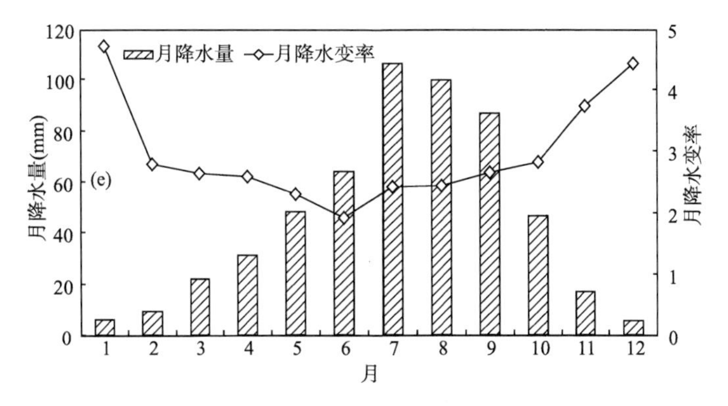

图 8.1　各小区代表站多年平均月降水量和月降水变化率

(a)澄城；(b)泾阳；(c)蓝田；(d)眉县；(e)耀州区

另外，比较各代表站的降水变率，见图 8.2，可以看出各区域在同时段的降水变率也存在差异，秋季 9 月开始呈增大趋势，冬季从 11 月开始明显增大，11 月降水变率最大为宝鸡眉县，其次是澄城，泾阳、耀州区、蓝田相当；12 月泾阳、蓝田、耀州区相当，大于澄城和眉县；1 月除了蓝田，其余各地降水变率普遍偏大，2 月开始减小，3 月到 8 月各地降水变率相当。从各地不同月份降水变率看，1 月发生干旱的几率大，尤其是澄城和耀州区两地。

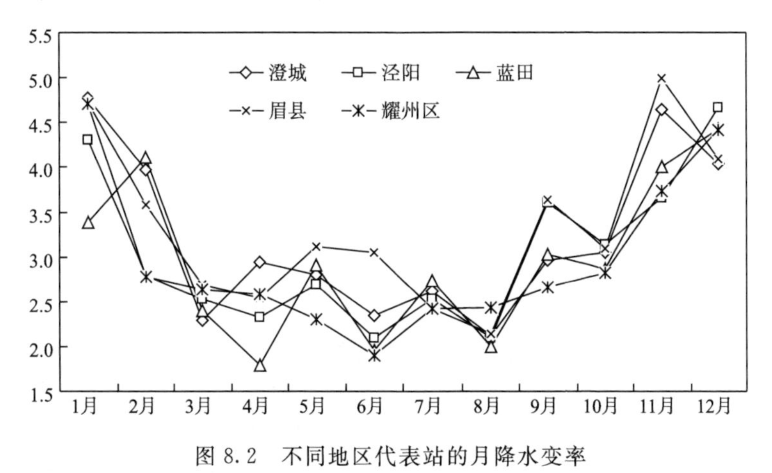

图 8.2　不同地区代表站的月降水变率

8.1.3.2　降水量距平百分率

根据国家标准 GB/T20481—2006 划分的气象干旱等级(表 8.1)，其中的降水距平百分率的表达式为：

$$Pa = \frac{P - P_1}{P_1} \times 100\% \tag{8.1}$$

其中，Pa 为某时段降水量距平百分率，P 为某年份某时段的降水量，P_1 为该时段多年平均降水量。

表 8.1　降水量距平百分率干旱等级划分

等级	类型	降水量距平百分率(%)		
		月尺度	季尺度	年尺度
1	无旱	$-40<Pa$	$-25<Pa$	$-15<Pa$
2	轻旱	$-60<Pa\leqslant-40$	$-50<Pa\leqslant-25$	$-30<Pa\leqslant-15$
3	中旱	$-80<Pa\leqslant-60$	$-70<Pa\leqslant-50$	$-40<Pa\leqslant-30$
4	重旱	$-95<Pa\leqslant-80$	$-80<Pa\leqslant-70$	$-45<Pa\leqslant-40$
5	特旱	$Pa\leqslant-95$	$Pa\leqslant-80$	$Pa\leqslant-45$

8.1.3.3　干旱程度评估标准

根据陕西省抗旱办提供的干旱程度评估标准，是综合降水量，土壤墒情，受旱面积和受旱程度来确定干旱程度的。如表 8.2 所示。

表 8.2　干旱程度

干旱程度	降水量偏少(成)	土壤相对湿度(%)	干旱面积所占比例(%)	减产程度(成)
轻旱	3～4	51～60	≤20	≤1
中旱	5～6	41～50	21～29	>2
重旱	7～8	30～40	50～79	>3
特旱	>8	<30	≥80	≥5

8.1.4　陕西干旱发生规律及分布特点

干旱是一种缓发性的自然灾害，短时间内其破坏和影响程度并不明显，陕西省樱桃生长期间，主要是冬春季的干旱，在区域内分布不均，几乎每年都有不同程度的旱灾发生。

8.1.4.1　陕西干旱频次

根据历史文献统计，陕西省的干旱以关中发生旱灾为最多，超过全省旱灾的 50%，而且持续性最强。而且从季节发生情况看，关中东部和渭北旱灾最为频繁(表 8.3,8.4)。11 月至翌年 2 月及 4 月和 5 月是关中两个主要的缺水时段，即春夏连旱多发，如发生春旱，5 月樱桃成熟期，遇到透雨或者连阴雨，樱桃容易形成裂果，造成减产，果品品质降低。

表 8.3　季节干旱频次

小区	渭北	关中西	关中东
总旱次	121	119	123
年平均	2.09	2.05	2.12

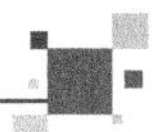

表 8.4　季节连旱频次

地区	冬春	春夏	夏秋	秋冬	冬春夏	春夏秋	夏秋冬	冬春春秋
渭北	21	26	17	15	15	12	9	8
关中西	22	24	15	14	14	11	9	8
关中东	20	25	20	16	15	11	12	8

受气候背景影响，关中地区干旱的时间变化特点主要体现在季节变化上：春季，宝鸡东部和渭南西部干旱发生频率在30%以上，其余大部地区在25%～30%，关中南部部分地区在15%～25%。春旱是影响夏粮产量和春播的重要因素之一。夏季，干旱主要发生在关中北部和东部部分地区，发生频率在25%～40%，宝鸡的千阳和凤翔、铜川的耀州干旱频率较低，在20%以下，其余各地大部在20%～25%。秋季，各地旱情普遍在15%～30%。冬季，干旱频繁发生，大部地区干旱频率在35%以上，农作物基本停止生长，干旱对作物生长影响不大。

关中地区干旱以渭南最为严重；其次是铜川、西安地区；最后是宝鸡、咸阳等地。关中地区干旱发生时，总体上从南到北，干旱发生频率、范围和影响依次增加，但在每个市区内部，干旱程度又呈现不规律的分布特征；季节分布上以冬春两季最为明显，夏秋两季相对较弱，其中夏季的干旱主要表现为伏旱。

关中北部（旬邑、宜君等县）属于黄土高原丘陵梁塬干旱区，该地区植被覆盖较好，植被以乔木为主，也是降水资源丰富（年降水量在520～680 mm）、降水量变化率最小的地区，日照充足，自然地理及气候条件最适合苹果、樱桃、核桃生长，成为陕西经济林果种植基地。

关中中部地区（韩城、白水、澄城、大荔、合阳、蒲城、富平、陇县、麟游、千阳、永寿、淳化、耀州、王益、印台等地区）属于渭北高原旱塬干旱区，位于陕北丘陵沟壑区南部和渭北黄土台塬地带，属于黄土高原的一部分，该地区海拔为350～1030 m，地势由南向北、由东向西逐渐升高。该地区热量资源较丰富，年降水量为500～700 mm，属暖温带、半干旱、半湿润季风气候区，该区塬面开阔平坦，耕地相对集中连片，土层深厚，土壤类型以黑垆土、黄绵土为主，质地优良，适宜苹果生长，是中国的苹果主产区。

关中南部（渭滨、金台、陈仓等31个县）为关中平原干旱区，地处黄土高原南部，秦岭山地北部地区，属陕西省中部地区，西起宝鸡市，东至潼关县，南接秦岭，北抵陕北高原。地势西高东低，平均海拔400 m左右。灌溉历史悠久，土地肥沃，土壤类型为棕壤—褐土，较适合农作物生长，是陕西的主要产粮区。

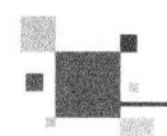

8.1.4.2 陕西生态农业干旱区划

杜继稳(2008)根据地形地貌、气候特点和土壤类型分布以及工农业生产情况等,将陕西省划分为8个生态农业干旱相似区,见图8.3。

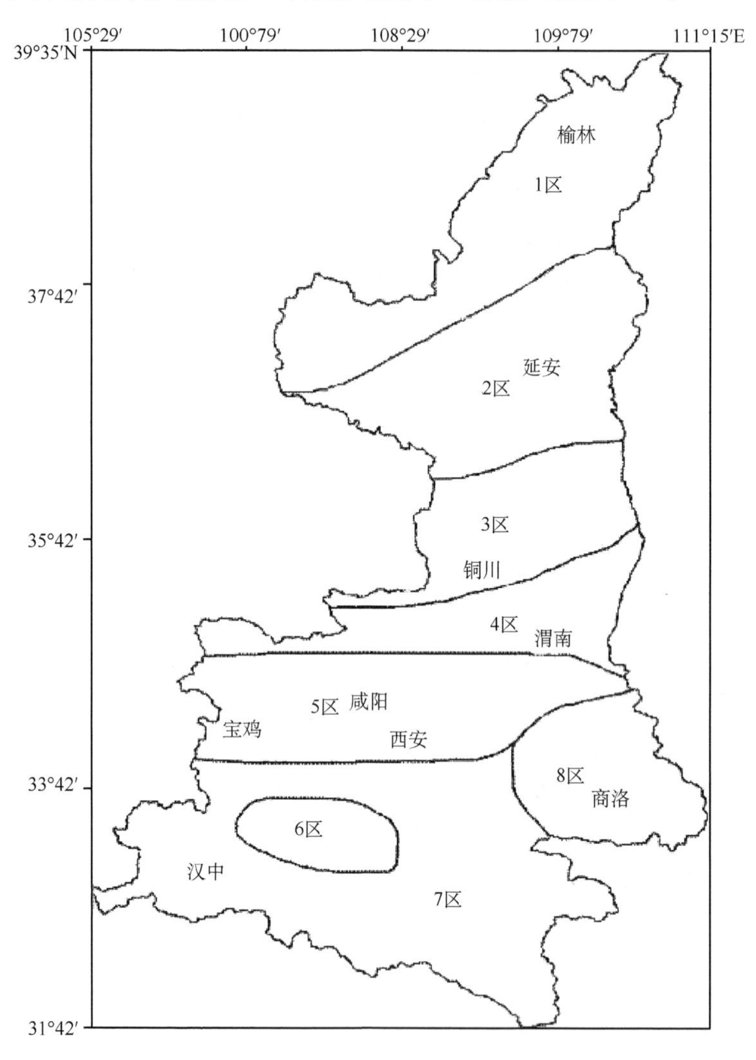

图8.3 陕西省生态农业区划图

关中—渭北塬区,包括陕西省生态农业区划中的3区、4区和5区,即关中平原干旱区、渭北高原旱塬区、黄土高原丘陵梁塬干旱区。也就是渭北塬区和渭河以南沿山地区。渭北塬区指铜川市所辖的县、区和宝鸡、咸阳、渭南3市北部海拔在500 m以上塬区的市县(陇县、千阳、凤翔、岐山、麟游、扶风、长武、彬县、旬邑、永寿、淳化、乾县、礼泉、白水、澄城、合阳、韩城);渭河以南沿山地区指宝鸡、西安、渭南3市渭河以南沿秦岭北麓的市县(眉县、周

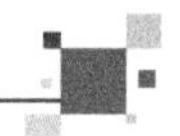

至、户县、长安、蓝田、临潼、渭南、华县、华阴、潼关),该区域是陕西果业生产的种植基地。

黄土高原丘陵梁塬干旱区,地处渭北高原北部地区,包括铜川王益区、宜君、旬邑、长武、彬县、韩城。植被覆盖度高,降水资源丰富,年降水量在520~680 mm,降水量变化率最小,日照充足,自然地理及气候条件最适合苹果生长,是陕西的苹果种植基地。

渭北高原旱塬区,位于渭北黄土台塬地带,属于黄土高原的一部分,包括陇县、千阳、麟游、永寿、淳化、长武、耀州区、白水、澄城、合阳、大荔、蒲城、富平等地。区间海拔高度为350~1030 m,地势由南向北、自东向西逐渐升高,热量资源较丰富,年降水量为500~700 mm,属暖温带、半干旱、半湿润季风气候区,该区塬面开阔平坦,耕地相对集中连片,土层深厚,土壤类型以黑垆土、黄绵土为主,质地优良,适宜苹果生长,是中国苹果主产区。

关中平原干旱区,地处黄土高原南部,包括凤县、凤翔、岐山、乾县、武功、眉县、礼泉、扶风、临潼、华阴、华县、泾阳、高陵、周至、户县、长安、蓝田、临潼、渭南、华县、华阴、潼关等地。该区域在秦岭山地北部地区,地势西高东低,平均海拔400 m左右,该区灌溉历史悠久,土地肥沃,土壤类型为棕壤—褐土,较适合农作物生长,是陕西省的主要产粮区。

关中平原地区属于暖温带半湿润气候区,年平均气温11.5~13.5 ℃,降水量为510~680 mm。为了体现陕西省各地自然环境的明显差异,将该区域分为二个小区,即关中东部、关中西部。关中西部包括宝鸡和咸阳两市所辖的区、县及县级市,关中东部包括西安、渭南和铜川3市所辖的区、县及县级市。

该区域按照气候区划分区,可以分为三个气候区,即渭北丘陵沟壑半湿润气候区、关中东部大荔—澄城半干旱气候区、关中渭河平原半湿润气候区。

其中渭北丘陵沟壑半湿润气候区,气温日较差大,光照充足,是陕西樱桃、苹果等果业的最佳适宜生长区。包括铜川北部、咸阳北部和宝鸡的东北部等县,即宜君、旬邑、长武、彬县、永寿、麟游等地,以及韩城、合阳、澄城、白水、铜川、耀州区、乾县、岐山、凤翔、千阳、陇县等县的北部山区。本区年平均气温8~12 ℃,≥10 ℃的积温为3000~3500 ℃·d,持续天数160~190 d。1月平均气温−4~−7 ℃,年极端最低气温为−22~−26 ℃,无霜期有160~200 d,年降水量550~750 mm,年蒸发量为700~750 mm。农业为一年一熟或两年三熟。

8.1.5 铜川地区干旱及其对樱桃影响

8.1.5.1 干旱发生规律

铜川地区冬春季不同等级干旱发生情况：利用建站以来铜川地区三个国家气象站的月降水量，统计分析降水距平百分率，并按月尺度的降水量距平百分率干旱等级划分(表 8.5)标准，进行统计，结果如表所示。

表 8.5 铜川地区冬春季不同等级旱情发生频率(单位：%)

站点	冬季				春季				冬春连旱			
	轻旱	中旱	重旱	特旱	轻旱	中旱	重旱	特旱	轻旱	中旱	重旱	特旱
耀州区	11.32	11.32	5.66	11.32	15.09	3.77	1.89	0.00	16.98	3.77	0.00	0.00
王益区	16.67	11.67	3.33	10.00	13.33	8.33	1.67	0.00	18.33	3.33	0.00	0.00
宜君县	23.73	16.95	3.39	3.39	18.64	8.47	0.00	0.00	11.86	5.08	0.00	0.00

从冬春季及各月的不同等级旱情发生情况来看，轻旱在全市各地普遍发生，频率在 11.32%～23.73%，中北部频率较高，冬季频率高于春季。中旱、重旱在冬季频发，中旱频率为 11.32%～16.95%，重旱频率为 3.33%～5.66%。特旱主要发生在冬季，以中南部频发，频率为 3.39%～11.32%。

从季节来看，冬春季，铜川市不同等级的旱情均多发，以冬季旱情频发为主，且中南部干旱程度较北部偏强，轻旱、中旱、特旱的发生频率相当，为 10.0%～16.67%，北部主要是轻旱为主，频率为 23.73%；春季主要是轻旱频发，中旱次之，重旱少，没有特旱发生。

8.1.5.2 干旱对樱桃的影响

樱桃生长发育与水分关系密切，大樱桃对水分非常敏感，喜湿怕涝，不同时期的旱情对樱桃不同生长期会产生不同的影响。冬春季的干旱对樱桃生长有利有弊。樱桃根系浅，主要分布在 5～30 cm 深的土层中，枝条生长量大，表皮角质化差，枝条表面水分蒸腾量大，对水分状况反应很敏感，在冬春季生理干旱比其他果树较重发生，主要是造成严重抽条，树体不能安全越冬。冬季和早春，幼树因干旱发生抽条的概率较大，主要原因在于，一是因为地下部分根系不能吸收充足的水分来补充枝条的失水，即地下土壤冻结，幼体的根系很浅，大都处于冻土层，不能吸收水分或很少吸收水分，二是早春季节，水分蒸发快，白天气温在 0 ℃以上，午后可以达到 10 ℃以上，温差大，风大空气干燥等因素，引起枝条水分蒸腾量加剧，形成水分失调，引起枝条生理干旱，从而使得枝条由上而下抽干。

春季干旱，常造成樱桃延迟发芽、发芽不齐，影响新芽质量。花期干旱，柱头容易干枯，导致雌蕊发育不全，花粉粒不能进入花粉管，不能完成正常

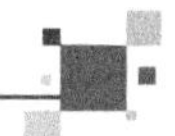

的授粉受精。常引起落花，如果大气中降雨偏少，湿度过低，会缩短花期，授粉受精不良，坐果率偏低。

缺水山地樱桃园或遇干旱少雨，会导致樱桃坐果率低。大樱桃谢花后形成的幼果，其生长发育要经过3个时期（即第1次果实膨大期、硬核和胚发育期、成熟前的第2次果实膨大期），这3个时期对土壤水分的需求不同。第2个时期是其需水临界期，如果水分供应不足，往往造成幼果的果皮皱缩，果柄黄化，一触即落，尤其长势弱、花束状果枝多的树，其冠内更易发生落果。

樱桃果实发育期间，遭遇干旱，常引起旱黄落果，造成减产（崔兆韵等，2007）；若前期干旱，后期遇雨，特别是在果实硬核期后干旱缺水，而临近成熟时突然遇到降雨，常会造成不同程度的裂果，果实风味变淡，降低果实品质，严重影响果实的商品价值。因此生产上要注意预防和减轻裂果。预防裂果增进品质的措施，除选用较抗裂果的品种外，要注意果实硬核期至果实采收前的天气状况，如出现干旱要适量灌水或浇水，维持适宜稳定的土壤水分，保证果实发育对水分的需求；另外，架设防雨篷，预防裂果。国外常采用在果实着色期开始，在树冠上架设防雨帐篷，防止雨水进入果园。防雨帐篷的材料一般用塑料薄膜。

8.1.5.3　应对措施

作物生长的不同时期，不同区域遭受干旱时所受的影响以及程度是不同的。做好农业干旱风险控制十分重要。

农业干旱风险控制就是进行风险评估，对农业植被生长状况、气候因素、水系特征、受灾程度等引发风险的10多个因子进行评价（乔丽等，2009），提出有针对性的降低风险的策略和措施。推行抗旱预案制度，主动防御旱灾。建立健全各级抗旱节水的组织机构体系，完善干旱监测预警系统，及时了解旱情动态，优化配置，合力调配水资源，完善人工增雨系统，开发空中云水资源，探索旱灾保险机制，保障农业持续稳定发展。制定短期紧急应对方案和长期减灾计划，提高区域应对干旱的能力，逐步将干旱风险控制在可以接受的范围。

大樱桃在不同的阶段需水量不同，果农们应该根据大樱桃的需水规律对其进行科学合理的节水灌溉，以便收获高产、稳产的高品质大樱桃。在冬春季，建议有灌溉条件的地区及时进行灌溉，发展农业新型节水灌溉措施，以滴灌为主，推广小气候调控实用技术，是直接抵御干旱保证增收的有效措施。调整樱桃种植结构，选择抗旱品种进行栽培，利用日光温室栽培减轻干旱不利影响。目前主要的灌溉措施有：

花前水。在大樱桃发芽至开花前对其进行灌溉花前水，以便满足大樱桃展叶、开花的用水所需。该时期的气温较低，灌溉量不宜过大，应遵循“水过地皮干”的原则，防止地温下降，影响根系的正常生长活动。采用水库、水塘的水对大樱桃进行灌溉为最佳。如果使用井水，因为井水温度较低，所以需要将水提上来贮存在水池里，晾晒一段时间，或者让井水流经较长的渠道，以便提升水温，然后再使用。

硬核水。从4月中旬开始到4月下旬，是大樱桃需水的关键时期。该阶段应该勤灌溉，且灌水量要足够大，通常需要灌溉1～2次，使10～30 cm深土层的含水量达到12%以上。灌溉时要在大樱桃园的株行间修建方形或长方形的畦。为了避免大樱桃园的高处干旱、低处积水，应该将树干附近土面修筑高些，四周土面要整平。对于种植在沙地的大樱桃，平均每株每次灌水2 m^3 左右。

采前水。在采收大樱桃的前10～15 d，是果实的迅速膨大期，此时若缺水，则会导致大樱桃发育不良，不仅产量低，而且品质差。该时期的灌溉，要注意勤灌浅浇，不宜灌溉量过大，否则很容易出现裂果。在收获的前8 d需要控制灌溉，为了保证收获高品质的大樱桃，可在灌溉后8 d进行采收。

采后水。樱桃虽然采收完毕，但灌溉并没有结束。收获果实后，大樱桃树体正处于恢复以及花芽分化的重要阶段，该时期应该将灌溉与施肥相结合，确保提供充足的水分和养分，以便满足树体恢复和花芽分化所需的水分。如果当地水源比较充足，在收获果实后，若天气干旱，则需结合施肥、刨地对其进行灌溉，有利于促进肥效及时发挥作用，保证花芽分化顺利进行。灌溉水量宜少不宜多，水过地皮湿即可，灌溉后如有短期干旱天气则有利于花芽形成。

生长水。在夏秋季节，大樱桃的灌溉量以及灌溉时间应该根据降雨情况来灵活掌控，此时最好使土壤水分保持在田间最大持水量的60%左右。在大樱桃的生长阶段每次灌溉和降雨之后都要进行松土除草。

封冻水。为了保护土壤墒情，树体安全越冬，在大雪前后还要对整个大樱桃园灌溉一次封冻水。

8.1.6 干旱监测

干旱监测与评估一般参照中国气象局2005年下发的5干旱监测和影响评价业务规定6中给出的降水量距平百分率指标（Pa）、标准化降水指标（SPI）、相对湿润度指标（M）、综合气象干旱指标（Ci）、土壤相对湿度干旱指标（R）和陕西经验指标6个干旱指标计算方法和等级划分标准（见本章附录）。

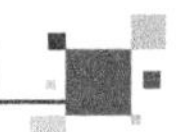

8.2 连阴雨

连阴雨以长期阴雨、气温偏低、湿度偏大和日照偏少为基本特征，属极端气候事件。持续阴雨对大樱桃主产区处于成熟期的樱桃产生不利影响。持续的阴雨天气容易引发樱桃过时开裂和烂果；同时，降水过多、果园排水不畅，容易造成土壤缺氧，根系呼吸不畅，使根系生长不良，严重者造成根系死亡、根茎腐烂、树干流胶，引起死枝甚至整株死亡（原源等，2015；张智等，2010；王明涛等，2009；崔兆韵等，2007）。

春季连阴雨的发生对铜川市的樱桃影响较大，如：裂果、落果、烂果等，严重影响产量和农民经济收入。本文利用1962—2015年宜君、王益、耀州3个区（县）的逐日降水气象资料，分析了铜川市春季连阴雨的气候特点和发生规律，不仅对樱桃的气象防灾减灾具有重要意义，还可为天气预报、气候评价、灾害评估等服务提供背景依据，为探讨防御樱桃成熟期的连阴雨，提供气象参考。

8.2.1 春季连阴雨标准

8.2.1.1 连阴雨标准

若连续3 d日降水量≥0.1 mm记为一次连阴雨过程。若连续4～7 d，其间允许有1个非雨日；若连续7 d以上，其间允许有2个非雨日，但不能有连续2个非雨日，也记为一次连阴雨过程。

8.2.1.2 连阴雨分级标准

以连阴雨持续日数进行分级，连阴雨日数7 d以上为1级连阴雨，连阴雨日数4～7 d为2级连阴雨，连阴雨日数3 d为3级连阴雨。

8.2.2 铜川地区连阴雨

铜川位于陕西省中部，介于东经108°34′—109°29′、北纬34°50′—35°34′之间，地处关中平原向陕北黄土高原过渡地带。从图8.4可以看出：铜川春季连阴雨出现4～7 d的连阴雨天气最多，3 d次之，7 d以上最少。其中3 d的连阴雨是由北向南逐步减少；4～7 d连阴雨为北部最多，南部次之，中部最少；7 d以上连阴雨为中部最多，南部次之，北部最少，见图8.4。

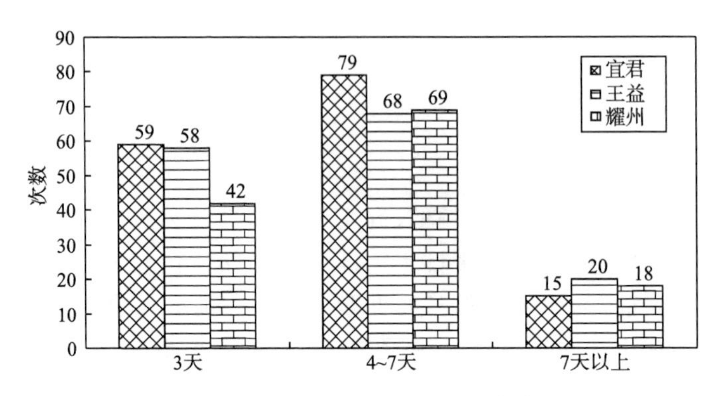

图 8.4 铜川市 1962—2015 年春季连阴雨发生次数

8.2.2.1 年代际变化

从表 8.6 可以看出，铜川市春季连阴雨年代际变化比较明显。20 世纪 60 年代出现次数最多，平均每年发生 2.8 次。20 世纪 70 年代和 2000—2009 年出现最少，平均每年 1.6 次；其中耀州区 2000—2009 年出现次数最少，仅为 9 次。

表 8.6 不同年代铜川市连阴雨发生次数

区域	20 世纪 60 年代	20 世纪 70 年代	20 世纪 80 年代	20 世纪 90 年代	2000—2009 年	2010—2015 年
宜君	25	13	22	16	24	17
王益	30	19	23	21	14	14
耀州	30	16	24	21	9	12
合计	85	48	69	58	47	43
平均	2.8	1.6	2.3	1.9	1.6	2.4

由图 8.5 可以看出，20 世纪 60—90 年代铜川市 3 个站点春季连阴雨变化普遍一致，呈减少—增多—减少趋势。2000—2009 年铜川市北部的宜君站与中部和南部的王益站、耀州站变化趋势基本相反；宜君站呈上升趋势，上升率为每年 2.4 次，王益站和耀州站呈下降趋势，下降率每年分别为 1.4 次和 0.9 次；2010—2015 年宜君站呈下降趋势，下降率为每年 2.8 次，王益站持平，耀州站呈持平略上升趋势，上升率为每年 2 次。

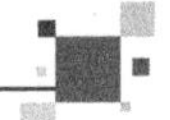

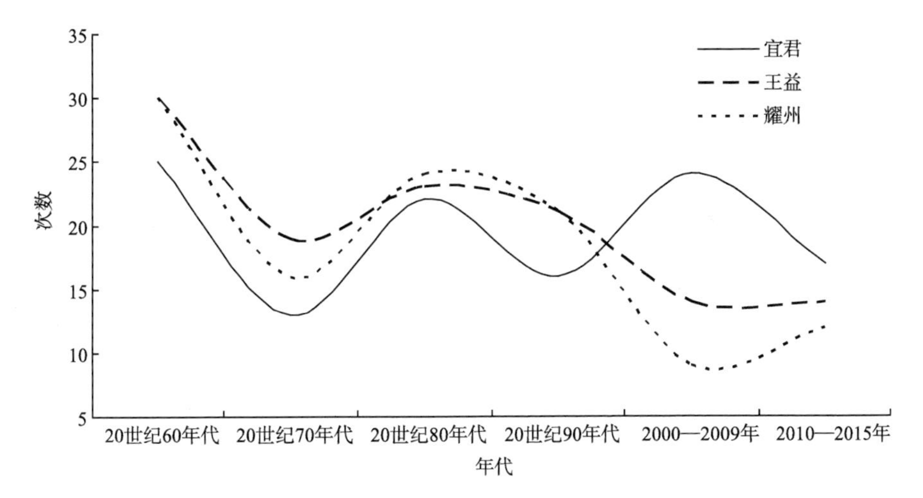

图 8.5　铜川市 1962—2015 年各年代春季连阴雨发生次数

8.2.2.2　月变化

从图 8.6 可以得出，铜川市 3 月发生连阴雨的频率最少，5 月最多；按照分级标准看，春季各月发生 4～7 d 连阴雨的频率最大，3 d 的连阴雨频率次之，7 d 以上的连阴雨频率最小。

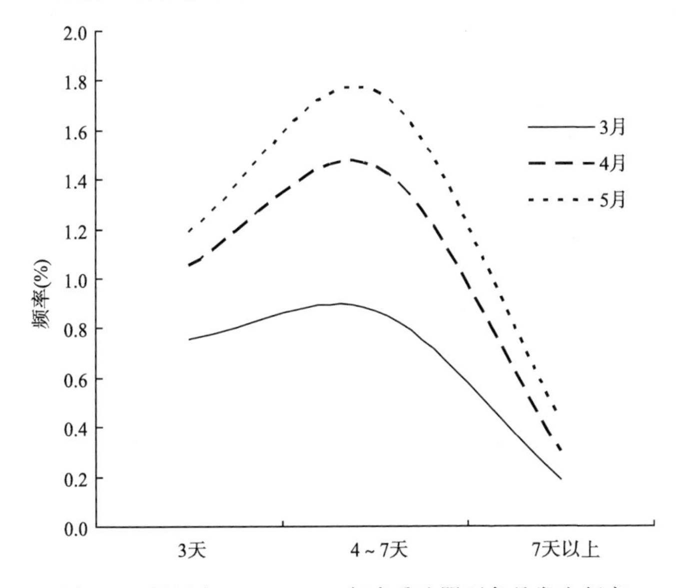

图 8.6　铜川市 1962—2015 年春季连阴雨各月发生频率

8.2.2.3　旬变化

从表 8.7 可以得出，铜川市 5 月下旬出现连阴雨天气的频率最大，每年发生 0.9 次，中旬最少，每年发生 0.7 次。北部宜君下旬出现 3 d 和 4～7 d

连阴雨频率最大，各旬出现 7 d 以上的连阴雨天气最少；中部王益区上旬出现 3 d 和中旬出现 4～7 d 的连阴雨频率最大，上旬出现 7 d 以上的连阴雨天气频率最小；南部耀州下旬出现 4～7 d 的连阴雨频率最大，各旬出现 7 d 以上连阴雨频率最小。

表 8.7　铜川市 5 月各旬连阴雨发生频率(单位：%)

区域	上旬			中旬			下旬		
	3 d	4～7 d	7 d 以上	3 d	4～7 d	7 d 以上	3 d	4～7 d	7 d 以上
宜君	0.4	0.4	0.0	0.3	0.4	0.0	0.5	0.5	0.0
王益	0.5	0.3	0.0	0.2	0.5	0.1	0.4	0.4	0.1
耀州	0.3	0.3	0.0	0.3	0.3	0.0	0.3	0.4	0.0
合计	1.2	1.1	0.0	0.8	1.3	0.1	1.2	1.2	0.2
平均	0.4	0.4	0.0	0.3	0.4	0.0	0.4	0.4	0.1

8.2.3　结论

铜川市近 53 年春季连阴雨 20 世纪 60 年代出现次数最多，平均每年发生 2.8 次，根据不同等级连阴雨发生情况，出现 4～7 d 的连阴雨天气最多，7 d 以上连阴雨最少。20 世纪 70 年代和 2000—2009 年出现最少，平均每年 1.6 次；铜川市 3 站 20 世纪 60—90 年代变化趋势基本一致，21 世纪以后北部宜君站呈上升趋势，王益、耀州站呈下降趋势，2010—2015 年宜君站呈下降趋势，王益站持平，耀州站呈持平略上升趋势；5 月发生连阴雨次数最多，对成熟期樱桃十分不利，尤其是下旬出现连阴雨天气的频率最大，要注意雨季排涝。

在雨季来临之前，要做好防御工作。一方面要及时疏通排水沟渠，并在果园内修好排水系统，可以在树行间开挖 20～25 cm 深、宽 40 cm 的浅沟，与果园排水沟相通，挖出的土培在树干周围，使树干周围高于地面。或建不同防雨棚。另一方面要在樱桃八成熟的时候提前采摘，尽早销售。

附：主要的气象干旱计算方法与指标

1. 降水量(P)和降水量距平百分率(Pa)

1.1　原理和计算方法

降水量距平百分率(Pa)是指某时段的降水量与常年同期降水量相比的

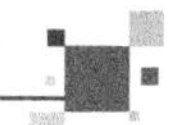

百分率：

$$Pa = \frac{P - \bar{P}}{\bar{P}} \times 100\% \tag{1}$$

式中 P 为某时段降水量，$\bar{P}$ 为多年平均同期降水量，本标准中取 1971—2000 年 30 年气候平均值。

$$\bar{P} = \frac{1}{n}\sum_{i=1}^{n} P_i \tag{2}$$

式中 P_i 为时段 i 的降水量，n 为样本数，$n=30$。

1.2　等级划分

由于我国各地各季节的降水量变率差异较大，故利用降水量距平百分率划分干旱等级对不同地区和不同时间尺度也有较大差别，表 1 为适合我国半干旱、半湿润地区的干旱等级标准。

表 1　单站降水量距平百分率划分的干旱等级

等级	类型	降水量距平百分率(*Pa*)(%)		
		(月尺度)	(季尺度)	(年尺度)
1	无旱	$-50<Pa$	$-25\leqslant Pa$	$-15\leqslant Pa$
2	轻旱	$-70<Pa\leqslant-50$	$-50\leqslant Pa<-25$	$-30\leqslant Pa<-15$
3	中旱	$-85<Pa\leqslant-70$	$-70<Pa\leqslant-50$	$-40<Pa\leqslant-30$
4	重旱	$-95<Pa\leqslant-85$	$-80<Pa\leqslant-70$	$-45<Pa\leqslant-40$
5	特旱	$Pa\leqslant-95$	$Pa\leqslant-80$	$Pa\leqslant-45$

2. 标准化降水指数(*SPI* 或 *Z*)

2.1　原理和计算方法

标准化降水指数(简称 SPI)是先求出降水量 Γ 分布概率，然后进行正态标准化而得，其计算步骤为：

(1)假设某时段降水量为随机变量 x，则其 Γ 分布的概率密度函数为：

$$f(x) = \frac{1}{\beta^{\gamma}\Gamma(\gamma)} x^{\gamma-1} e^{-x/\beta} \quad x > 0 \tag{3}$$

$$\Gamma(\gamma) = \int_0^{\infty} x^{\gamma-1} e^{-x} dx \tag{4}$$

式中 $\beta>0$，$\gamma>0$ 分别为尺度和形状参数，β 和 γ 可用极大似然估计方法求得：

$$\hat{\gamma} = \frac{1 + \sqrt{1 + 4A/3}}{4A} \tag{5}$$

$$\hat{\beta} = \bar{x}/\hat{\gamma} \tag{6}$$

其中
$$A = \lg\bar{x} - \frac{1}{n}\sum_{i=1}^{n}\lg x_i \tag{7}$$
式中 x_i 为降水量资料样本，$\bar{x}$ 为降水量多年平均值。

确定概率密度函数中的参数后，对于某一年的降水量 x_0，可求出随机变量 x 小于 x_0 事件的概率为：
$$P(x < x_0) = \int_0^{\infty} f(x)\mathrm{d}x \tag{8}$$
利用数值积分可以计算用(3)式代入(8)式后的事件概率近似估计值。

(2)降水量为0时的事件概率由下式估计：
$$P(x = 0) = m/n \tag{9}$$
式中 m 为降水量为0的样本数，n 为总样本数。

(3)对 Γ 分布概率进行正态标准化处理，即将(8)、(9)式求得的概率值代入标准化正态分布函数，即：
$$P(x < x_0) = \frac{1}{\sqrt{2\pi}}\int_0^{\infty} \mathrm{e}^{-Z^2/2}\mathrm{d}x \tag{10}$$
对(10)式进行近似求解可得：
$$Z = S\frac{t - (c_2 t + c_1)t + c_0}{((d_3 t + d_2)t + d_1)t + 1.0} \tag{11}$$
式中 $t=\sqrt{\ln\frac{1}{P^2}}$，$P$ 为(8)式或(9)式求得的概率，并当 $P>0.5$ 时，$P=1.0-P$，$S=1$；当 $P\leqslant 0.5$ 时，$S=-1$。

$$c_0 = 2.515517, c_1 = 0.802853, c_2 = 0.010328,$$
$$d_1 = 1.432788, d_2 = 0.189269, d_3 = 0.001308。$$
由(11)式求得的 Z 值也就是此标准化降水指数 SPI。

2.2 等级划分

由于标准化降水指标就是根据降水累积频率分布来划分干旱等级的，它反映了不同时间和地区的降水气候特点。其干旱等级划分标准具有气候意义，不同时段不同地区都适宜。见表2。

表2 标准化降水指数 *SPI* 的干旱等级

等级	类型	*SPI* 值	出现频率
1	无旱	$-0.5<SPI$	68%
2	轻旱	$-1.0<SPI\leqslant-0.5$	15%
3	中旱	$-1.5<SPI\leqslant-1.0$	10%
4	重旱	$-2.0<SPI\leqslant-1.5$	5%
5	特旱	$SPI\leqslant-2.0$	2%

3. 相对湿润度指数(M_i)

3.1　原理和计算方法

相对湿润度指数是某时段降水量与同一时段长有植被地段的最大可能蒸发量相比的百分率，其计算公式：

$$M_i = \frac{P - E}{E} \tag{12}$$

式中 P 为某时段的降水量，E 为某时段的可能蒸散量，用 FAO Penman-Monteith 或 Thornthwaite 方法计算(Allen et al,1998;马柱国等,2001)。

3.2　等级划分

相对湿润度指数反映了实际降水供给的水量与最大水分需要量的平衡，故利用相对湿润度指数划分干旱等级不同地区和不同时间尺度也有较大差别，表 3 为适合我国半干旱、半湿润地区月尺度的干旱等级标准。

表 3　相对湿润度指数 M_i 的干旱等级

等级	类型	相对湿润度指数 M_i
1	无旱	$-0.50 < M_i$
2	轻旱	$-0.70 < M_i \leqslant -0.50$
3	中旱	$-0.85 < M_i \leqslant -0.70$
4	重旱	$-0.95 < M_i \leqslant -0.85$
5	特旱	$M_i \leqslant -0.95$

4. 综合气象干旱指数 C_i

4.1　原理和计算方法

气象干旱综合指数 C_i 是以标准化降水指数、相对湿润指数和降水量为基础建立的一种综合指数：

$$C_i = \alpha Z_3 + \gamma M_3 + \beta Z_9 \tag{13}$$

当 $C_i < 0$，并 $P_{10} \geqslant E_0$ 时(干旱缓和)，则 $C_i = 0.5 \times C_i$；

当 $P_y < 200$ mm(常年干旱气候区，不做干旱监测)，$C_i = 0$。

通常 $E_0 = E_5$，当 $E_5 < 5$ mm 时，则 $E_0 = 5$ mm。

式中 Z_3，Z_9 为近 30 d 和 90 d 标准化降水指数 SPI，由(11)式求得；M_3 为近 30 d 相对湿润度指数，由(12)式得；E_5 为近 5 d 的可能蒸散量，用桑斯维特方法(Thornthwaite Method)计算(马柱国等,2001)。P_{10} 为近 10 d 降水量，P_y 为常年年降水量；α、γ、β 为权重系数，分别取 0.4、0.8、0.4。

通过(13)式，利用逐日平均气温、降水量滚动计算每天综合气象干旱指数 C_i 进行逐日实时干旱监测。

4.2 等级划分

气象干旱综合指数 C_i 主要是用于实时干旱监测、评估，它能较好地反映短时间尺度的农业干旱情况。见表4。

表4 综合气象干旱指数 C_i 的干旱等级

等级	类型	C_i 值	干旱对生态环境影响程度
1	无旱	$-0.6<C_i$	降水正常或较常年偏多，地表湿润，无旱象。
2	轻旱	$-1.2<C_i\leqslant-0.6$	降水较常年偏少，地表空气干燥，土壤出现水分不足，对农作物有轻微影响。
3	中旱	$-1.8<C_i\leqslant-1.2$	降水持续较常年偏少，土壤表面干燥，土壤出现水分较严重不足，地表植物叶片白天有萎蔫现象，对农作物和生态环境造成一定影响。
4	重旱	$-2.4<C_i\leqslant-1.8$	土壤出现水分持续严重不足，土壤出现较厚的干土层，地表植物萎蔫、叶片干枯，果实脱落；对农作物和生态环境造成较严重影响，工业生产、人畜饮水产生一定影响。
5	特旱	$C_i\leqslant-2.4$	土壤出现水分长时间持续严重不足，地表植物干枯、死亡；对农作物和生态环境造成严重影响，对工业生产、人畜饮水产生较大影响。

5. 土壤墒情干旱指数

5.1 原理和计算方法

(1)土壤重量含水率计算公式为：

$$W=\frac{m_w-m_d}{m_d}\times100\% \tag{14}$$

式中 W 为土壤重量含水量，m_w 为湿土重量，m_d 为干土重量。

(2)土壤田间持水量测定和计算方法多采用田间小区灌水法：

选择4 m^2 的小区(2 m×2 m)，除草平整后，做土埂围好；对小区进行灌水，灌水量的计算公式如下：

$$Q=2\,\frac{(a-w)\rho sh}{100} \tag{15}$$

式中 Q 为灌水量(m^3)；α 为假设所测土层中的平均田间持水量(%)，一般沙土取20%，壤土25%，黏土取27%；w 为灌水前的土壤湿度(%)；ρ 为所测深度的土壤容重(m^3/m^3)，一般取1.5；s 为小区面积(m^2)；h 为测定的深度(m)；2为小区需水量的保证系数。

在土壤排除重力水后，测定土壤湿度，即田间持水量。土壤排除重力水的时间因土质而异，一般沙性土需1～2 d，壤性土需2～3 d，黏性土需3～4 d。在测定土壤湿度时，每天取样一次，每次取4个重复的平均值，当同一层次前后两次测定的土壤湿度差值＜2.0％时，则第2次的测定值即为该层的田间持水量。

(3)土壤相对湿度计算方法：

$$R = \frac{w}{f_c} \times 100\% \tag{16}$$

式中 w 为土壤重量含水率(％)，f_c 田间持水量(用重量含水率表示)。

5.2　等级划分(表5)

表5　土壤相对湿度的干旱等级

等级	类型	20 cm 深度土壤相对湿度	对农作物影响程度
1	无旱正常	$R>60\%$	地表湿润，无旱象
2	轻旱	$60\%\geqslant R>50\%$	地表蒸发量较小，近地表空气干燥
3	中旱	$50\%\geqslant R>40\%$	土壤表面干燥，地表植物叶片白天有萎蔫现象
4	重旱	$40\%\geqslant R>30\%$	土壤出现较厚的干土层，地表植物萎蔫、叶片干枯，果实脱落
5	特旱	$R\leqslant 30\%$	基本无土壤蒸发，地表植物干枯、死亡

6. 陕西经验指标(表6)

表6　陕西干旱程度经验指标

干旱程度	降水距平(成)	土壤相对湿度(％)
轻旱	偏少3～4成	＜60％
中旱	偏少5～6成	＜50％
重旱	偏少7成以上	＜40％

春旱：陕北：4月中旬—5月中旬无≥20 mm的降雨过程，春玉米、大豆、谷子、马铃薯春播困难。

关中：4月中旬、下旬无≥20 mm的降雨过程，春玉米、棉花等作物春播困难；4—5月总降水量不足60 mm，不利于小麦抽穗灌浆、油菜开花。

第9章　樱桃气象监测及服务系统开发设计

温度是甜樱桃设施栽培最重要的环境因子，栽培环境的温度监测与控制精度，对其产量和质量具有十分重要的作用。尤其是设施栽培果树，要时刻监测调控大棚内小气候的变化，来进行调节，达到作物的适宜气象条件。设施樱桃大棚内，低温寡照、强降温、阶段高温等灾害小气候的监测与调控，已经成为设施农业栽培成败的关键技术。使用温湿度自动监测仪器来监测棚内温湿度等小气候变化，不仅更加科学规范化调控，而且大幅度降低劳动强度，是集约化的现代农业发展的一大特点。

9.1　果园小气候自动化监测现状

设施栽培樱桃，主要的气象问题就是棚内温度的实时监测与调控，尤其是大棚的温度监测技术与方法，传统的水银柱、玻璃棒温度计和机械感应式温度计等测温装置已经不能适应现代化设施农业的发展需要，反应速度慢，功能落后，使用过程中也不方便，需要有专门的管理人员来回进出大棚测量温度，不能满足集约化的大棚生产需求，特别是在夜间或者雨雪天气的时候，很难及时准确测量棚内温度，容易造成温度控制不当，而导致生产中的各种问题。

发达国家设施农业智能化水平很高，具备技术成套、设施设备完善、生产比较规范、产量稳定、质量保证性强等特点，形成了设施制造、环境调节、生产资材为一体的产业体系，能根据动植物生长的最适生态条件在设施内进行四季恒定的环境自动控制，使得不受气候条件影响，实现周年生产、均衡上市（毛罕平，2007）。

不同管理水平下和不同气候背景下的温室小气候环境不同，加温和无加温情况下的大棚温室效应不同，因而调控措施也不同。必须要实时监测并掌握樱桃不同生长期的温湿度指标要求（孙智辉，2004）。

近年来，各地气象部门不仅建立了较高密度的自动气象站（黎贞发等，2008；张道辉等，2015；高效梅等，2005），同时，也逐步在日光温室内建设温室内状况的实时自动气象监测站网，对各地不同类型温室气象要素实时监

测，观测的气象要素包括温度、湿度、地温、总辐射、有效光合辐射、二氧化碳等，设备采用 GPRS 无线传输方式。

黎贞发等(2008)人研究了集自动监测、数据远程采集、温室小气候模拟、产品制作与发布、灾害预警于一体的日光温室气象监测与灾害预警系统，较好地解决作物全生育期服务的需要，提高了日光温室灾害性天气预警服务时效，开展更精细化的日光温室专业气象服务。日光温室气象监测与灾害预警系统主要由温室小气候监测子系统与灾害预警子系统两部分组成。温室内传感器可以实时监测温室小气候，包括温湿度、辐射、地温等基本气象要素的实时监测数据，采集的数据经无线网络(GPRS/CDMA)传输至本地服务器，按站点按要素进行入库操作，提供查询下载。

山东果树研究所研制了一种大棚内自动监测甜樱桃需冷量的记录显示系统，包括现场温度监测、有效低温选择、控制信号转换与输出、需冷量积累显示等装置，连续 3 年用于甜樱桃设施栽培试验，取得良好效果，不仅监测了樱桃需冷量，更加科学合理掌握设施栽培扣棚控温时机，成功避免了萌芽不齐、坐果不良和延迟成熟等问题。

目前，虽然对于日光温室小气候的监测及预警研究很多，但没有针对设施樱桃生长期的温室小气候实时监测系统，缺乏樱桃整个生长期的跟踪监测及服务，没有建立樱桃生长期气象指标，没有完整的温室樱桃气象业务服务系统。下面介绍一下铜川市建立的大樱桃小气候监测系统及需冷量监测查询系统和气象服务系统。

9.2　日光温室小气候监测系统

9.2.1　温湿度小气候监测系统

铜川市气象局 2012 年开始，建成樱桃大棚内气象监测预警系统，在马咀、周陵、塬畔、神农四个示范园区安装了两套 12 个气象要素的小气候自动化观测仪器及数据收集系统，33 套温湿度自动化监测报警及数据收集系统。在樱桃各个生长期，实时监测温室内温湿度变化，对大棚内临界温湿度及时报警，指导棚内小气候调控。

樱桃大棚内的温湿度小气候监测报警系统，是通过无线移动技术(GPRS/CDMA)和互联网的远程监测系统平台进行数据采集，主要包括：监控现场数据采集与通讯模块、服务器端数据接受存储模块和基于 Web 的数据管理网站。采用基于 ASP.NET 技术的网站的业务服务系统，应用 SQL 数据库技术，可以通过 B/S 方式对数据库进行访问、保存、修改、插入以及删除等操作，从而达到动态网站的效果。用 Sql2005 进行数据库开发与设计，应用 VB/VC 进行数据库连接与修改。

数据自动存储在市局服务器上，可以实时监测温室内温湿度变化，根据樱桃发育期对温湿度的不同要求设定临界指标，当达到临界的上、下限时，通过向手机发送短信进行报警，大棚管理员根据情况及时通风、卷帘。

利用无线农业气象远程监测系统自动采集数据，设置数据采集和上传时间间隔，定时储存数据并将数据通过 GPRS 或 GSM 进行上传，实现实时采集数据，用户可通过任何一台可上网的电脑查看数据并下载分析，同时，可以进行数据报警提醒，设置气温、湿度上限值。

指定手机号码的输入设置，可将仪器和手机绑定进行智能控制也可单独通过发送短信命令进行智能控制，可更改存储时间或采集间隔时间；可通过短信形式唤醒主机将数据发送至手机中。当超过上限时，通过 GSM 短信模式，可将数据以短信的形式发送至指定手机号码，进行报警提示。

9.2.2 大樱桃需冷量监测系统

需冷量是樱桃树休眠好坏的必需条件，只有气温 0～7.2 ℃之间时樱桃树才能有效休眠，过冷或过热都影响果树休眠，根据合适的需冷量来确定盖棚升温时间。

大樱桃需冷量监测系统，主要是调取数据库中的表数据，按照小气候站点名称进行查询，可以选择性显示站点和气温两个字段，也可以显示全部字段。见图 9.1。

系统按站点和月份显示，一是从站号表查询，按照输入站号文本进行查询，以数据表格式显示，二是根据月份查询显示。可以根据日期选择某个时间段的任意数据查询。查询需冷量：即任意时间段的 0～7.2 ℃的小时数，无效冷量：<0 ℃气温的小时数，有数据和曲线显示，默认近 24 小时，可以选择要素进行曲线显示，统计逐日平均，每次可以统计 10 d 的平均。将统计查询结果在示范区地图上分别显示，查询结束，用直通式气象发布系统从手机短信平台直接发布，发布信息内容主要是各个示范区小气候站点的需冷量，及相关建议措施。

系统主要统计分析了各个示范点小气候数据，上一年 11 月到下一年 5 月的逐日、逐小时气温资料，统计出 0～7.2 ℃（需冷量）的小时数和<0 ℃小时数。根据红灯、早大果、布鲁克斯等不同品种解除休眠需要的冷量范围，提出自然条件下达到需冷量的时间，以及在人为影响情况下，当温度为无效

的冷量温度范围时进行扣棚加温，将无效的温度变为有效的冷量积累，增加休眠期的需冷量，促进树体提前解除休眠，开始萌发。

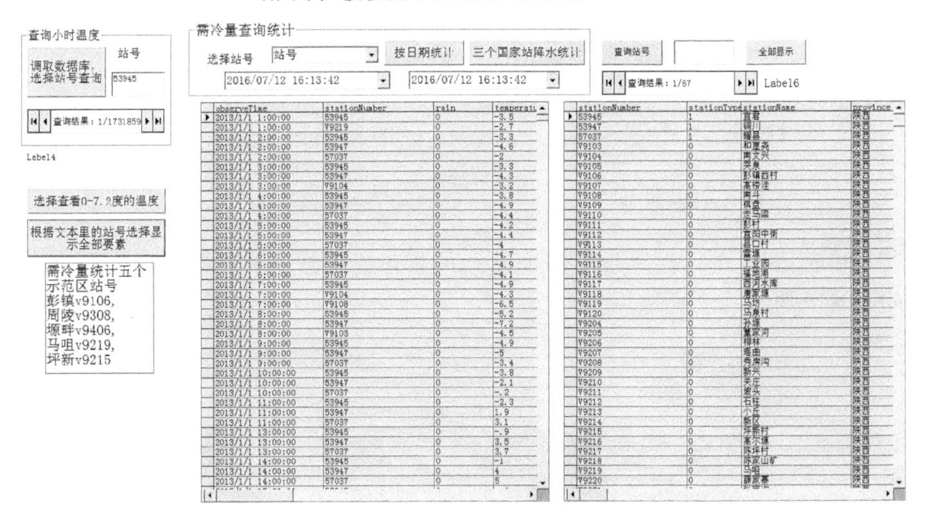

图 9.1 需冷量查询系统

 9.3 樱桃气象业务服务系统

樱桃气象业务服务系统是面对市—县—种植户三级用户进行联动、直通式服务，各用户的主要内容设置为：市局维护基本数据，校正气象指标，发布预警信息；县局完成添加辖区樱桃物候期数据，上传服务材料和动态；种植户查询小气候数据和服务产品等信息，同时反馈低温冻害等灾害信息等，与市县实时互动。见图 9.2。

铜川市大樱桃气象业务服务系统设计

主要板块：

用户登录	气候监测	统计分析	预警信息	产品制作	信息发布
市局	棚内	需冷量	预警设置	短信产品	决策(word一键传真发布)
区县	棚外	0—72度小时数	预警产品	服务专报	短信(文本、日常)
种植区		<0度小时数	高温	其他产品	
			低温、大风	调控指导及生产建议	

图 9.2 系统模块

初始资料是通过手机 SIM 卡传输并保存在市局服务器上，按照日期序列存放在文件中，分逐日(31 d)、逐月保存(12 个月)。监测资料共 12 个要素,包括棚内气温、环境气温、10 cm 地温、30 cm 地温、50 cm 地温、空气湿度、10 cm 土壤湿度、20 cm 土壤湿度、30 cm 土壤湿度、环境风向、环境风速、环境雨量。用户可以查询任意时间的大棚内小气候要素,种植户可以上传物候期,业务人员根据物候期以及当前的气象条件进行分析,为种植户提供适宜的扣棚、加温、降温、通风等田间管理措施。

9.3.1 技术路线

9.3.1.1 系统架构

该系统以 Web 网站形式对业务人员提供数据查询统计服务。基本架构如图 9.3 所示。

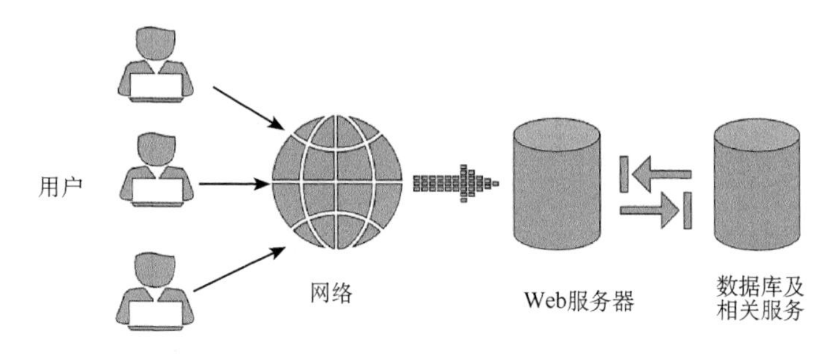

图 9.3 系统基本架构

用户使用普通 Web 浏览器,通过各种类型的网络连接访问 Web 服务器,向系统发送 HTTP 数据请求,Web 服务器将用户请求转化为数据库查询指令,与中心数据库以及分布在不同地理位置的数据库服务器进行交互,将结果以 HTTP 响应的方式发回客户端,并通过 HTML/JavaScript/CSS 呈现给用户。

9.3.1.2 开发构件选择(表 9.1)

表 9.1 构件选择

后端	Apache 2.4 http://httpd.apache.org/	Web 服务器容器
	PHP 5.4 http://php.net/	国外 Web 应用首选开发语言,其优秀的动态语言特性能够有效提升开发和维护效率,国内百度、腾讯、新浪、淘宝等互联网企业也采用其作为主要建站语言
	Laravel PHP 4.1 http://laravel.com/	优秀的轻量级 PHP 敏捷框架
	MySQL 5.5 http://www.mysql.com/	开源关系数据库服务器

续表

前端	jQuery 1.10 http://jquery.com	全球 Web 站点应用最广泛的 Javascript 轻量级框架，用于实现用户交互效果，可解决跨浏览器兼容性问题，支持 IE6+/Chrome/Firefox 等浏览器（包括 360 安全浏览器等非自主内核的浏览器）
	Highcharts http://www.highcharts.com/	一个用纯 JavaScript 编写的一个图表库，能够很简单便捷的在 Web 网站或是 Web 应用程序添加有交互性的图表

9.3.2　数据库设计

系统采用 MySQL 作为网站数据库，结构如图 9.4 所示。

users
id: int
status: int
username: varchar(255)
password: varchar(255)
station_store_class: varchar(255)
station_number: varchar(255)
region_station_number: varchar(255)
created_at: datetime
updated_at: datetime
remember_token: varchar(255)

task_logs
id: int
level: varchar(255)
message: text
created_at: datetime
updated_at: datetime

other_station_files
filename: varchar(255)
station_number: varchar(255)
micro_climate_station_id:...
content: mediumtext
parsed: tinyint

error_logs
id: int
code: int
url: varchar(255)
input: longtext
trace: longtext
created_at: datetime
updated_at: datetime

visit_logs
id: int
client_ip: varchar(50)
request_uri: varchar(255)
created_at: datetime
updated_at: datetime

图 9.4　网站数据库

周陵站点的数据库如图 9.5 所示。

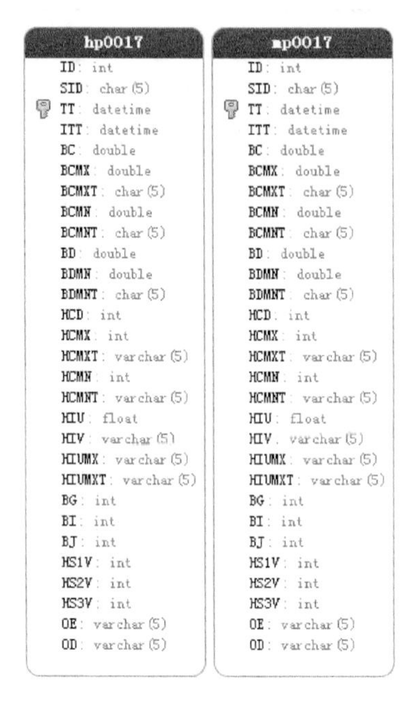

图 9.5　周陵站点的数据库

其他站点的要素数据库结构如图 9.6 所示。

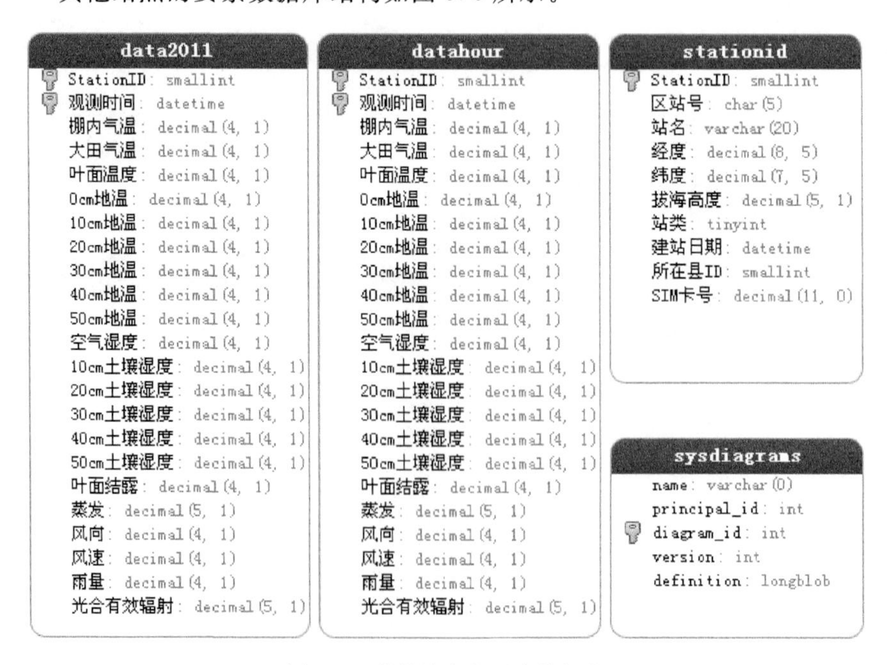

图 9.6　其他站点的要素数据库

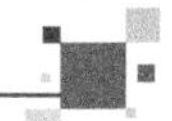

9.3.3　后端服务设计和实现

系统需要将来自不同数据源的异构数据整合成统一的操作和显示风格。由于各个数据源的结构差异很大，无法设计统一格式的数据表来容纳所有数据。本系统采取设计模式中的策略模式和适配器模式，在系统运行时进行实时数据格式转化，来实现数据整合的效果。将数据源抽象为StationStore接口，各个数据源均实现该接口的抽象方法，如图9.7所示。

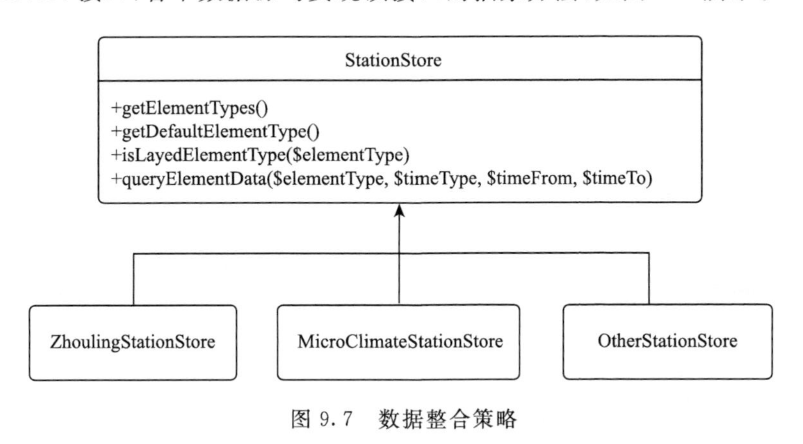

图9.7　数据整合策略

9.3.4　系统前端设计和实现

9.3.4.1　登录界面

登录系统里面提供了7—8个全市不同地区不同园区的小气候站点资料，不同用户在选择子系统进行站点选择，输入用户名和密码登录，登录界面如图9.8。

9.3.4.2　主界面

用户登录后显示系统主界面，见图9.9。主界面采用经典的T型结构，上方为系统名称和日期栏，左边为子模块导航区域，右边为查询统计的操作区域以及结果显示区域。

要素导航区域可以选择需要查询统计的要素类型。由于要素较多，系统将其按照“大田观测”、“大棚观测”、“小气候观测”等大类进行组织。要素的类型针对每个站点单独定义，不同的站点具有不同的要素，如图9.10所示。

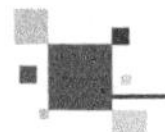

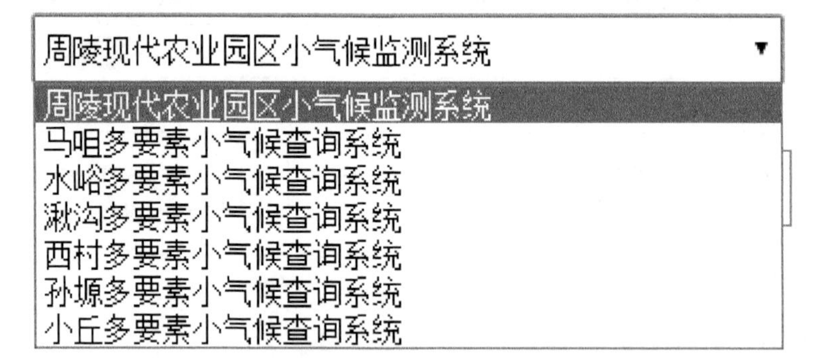

图 9.8　用户登录界面

图 9.9　系统登录主界面

图 9.10　要素导航区域

在操作区域，用户可以选择查询统计的开始和结束时间，以及数据的时间精度（分钟或小时），并提供“当前 1 小时”、“最近 3 小时”等快捷统计选项，增强用户体验。见图 9.11。

图 9.11　操作区域

结果显示区域提供两种结果呈现形式：列表和图形。列表视图将查询结果逐行罗列出来，并在第一行显示观测值的统计量。见图 9.12。

图形视图采用 Highcharts 组件实现，可以将结果显示为折线图，用户可以移动鼠标查看数据点的详细信息。见图 9.13。

列表 图形

观测时间	气温	平均	最高	最低	需冷量
		11.8	12.4	11.4	0
2015-4-5 18:55	11.4	-	-	-	-
2015-4-5 18:50	11.5	-	-	-	-
2015-4-5 18:45	11.6	-	-	-	-
2015-4-5 18:40	11.7	-	-	-	-
2015-4-5 18:35	11.8	-	-	-	-
2015-4-5 18:30	11.9	-	-	-	-
2015-4-5 18:25	12.1	-	-	-	-
2015-4-5 18:20	12.1	-	-	-	-
2015-4-5 18:15	12.1	-	-	-	-
2015-4-5 18:10	12.2	-	-	-	-
2015-4-5 18:05	12.2	-	-	-	-

显示第 1 至 12 项结果，共 12 项　　上页 1 下页

图 9.12　结果显示区域

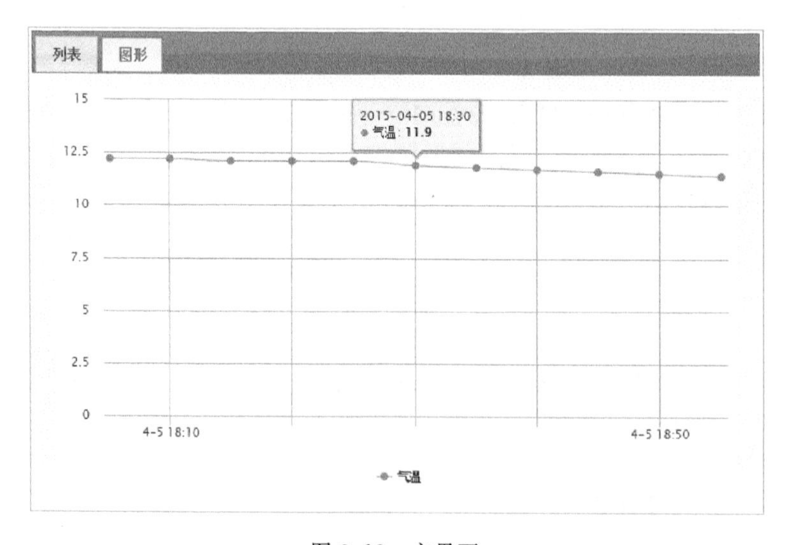

图 9.13　主界面

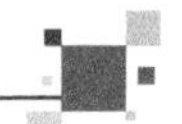

9.4　樱桃直通式气象服务

9.4.1　系统概述

本系统采用分级用户登录。用户分为业务服务人员和普通用户，且由后台管理员分配固定账号及密码。其中业务服务人员的权限包含七大模块，分别为：监测信息、气象预报预警、统计分析、服务材料、用户反馈信息、参考资料、设置。普通用户的权限包含四大模块：监测信息、气象预报预警、服务材料、上传信息。主界面如图 9.14。

图 9.14　系统主界面

9.4.2　主要模块

包含三部分：自动气象站、小气候站、物候期。自动气象站：鼠标移动到站点后方框显示最新观测数据，可以显示全部数据或选择性显示。小气候站：点击站点后打开窗口，显示每个站点详细数据，并可进行统计。物候期：选择具体物候期的时候，可以进行显示相应的备注图片等信息。

气象预报预警：采用“铜川市气象灾害应急指挥信息系统”预警模块，不用浮动窗口显示。

统计分析:包含两个二级菜单:需冷量统计、积温统计。

服务材料:点击每个标题后,根据状态选择页面并进行编辑,调入相关内容。

参考资料:参考资料同“铜川市气象灾害应急指挥信息系统”。

设置:可以设置不同的服务材料类型,根据情况添加。

上传信息:由普通用户完成,即耀州区、宜君县、王益区和种植户。

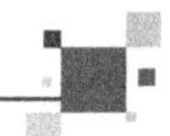

第 10 章　直通式气象服务及灾害防御措施

多年来，铜川市气象局一直不断探索为农气象服务，创新服务方式，通过大樱桃气象条件实验研究及服务，探索出了直通式气象服务，解决了气象信息发布传递的最后“一公里”问题，以“耀州模式”农业气象防灾减灾为试点，形成“市—县—乡—村”四级的气象防灾减灾体系，并建立与之相适应气象工作机构和运行机制，建立了乡镇气象工作站，构建更加完善的县域气象防灾减灾体系，制定了直通式气象服务方案和流程，在灾害天气来临时，分级开展相关气象服务。

10.1　创新气象服务方式

多年来，为农气象服务一直是气象部门的重中之重，铜川市气象局不断探索，本着需求牵引的原则，从各种农业气象需求与服务为切入点，积极创新农业气象服务方式。

近年来，针对制约本地大樱桃生产中的气象相关瓶颈问题，通过设施樱桃生产中的小气候调控技术等一系列研究，以点带面，在周陵、神农等新型现代农业示范园区开展试验研究，边研究边应用，不断创新气象服务方式，开展了直通式气象服务。直通式气象服务是从气象监测、预报预警、信息发布、信息传递等各个环节的上与时间赛跑，用时间换空间的一种更加快捷方便的新型气象服务。

10.1.1　直通式气象服务

直通式气象服务解决了气象信息发布传递的最后“一公里”问题，将定时、定点、定量的精细化预报直接传递到新型农业生产经营主体，解决了气象灾害预警及信息发布等突出的公共气象问题，是适应现代农业发展和新农村改革发展需求的与时俱进的现代气象服务，是铜川市气象系统贯彻落实中央 1 号文件，开展面向新型农业经营主体的直通式气象服务的举措之一。

开展面向新型农业经营主体的直通式气象服务，要不断完善农村基层气象防灾减灾组织体系，强化涉农部门联合会商、联合预警、联合服务，进一步健全农业气象专家联盟长效机制，提升为农服务水平。铜川市气象部门在直通式气象服务方面的主要的创新点有六点：

一是加强服务机制体制创新。建成四级农业气象组织管理体系，按照“创新招、牢基础、强能力、拓渠道、优服务”的工作思路，创建了农业气象防灾减灾“耀州模式”，并建立与之相适应气象工作机构和运行机制，建立了乡镇气象工作站，率先全部建成村级气象信息服务站，建成多层次立体式的信息员队伍，形成“市—县—乡—村”四级的气象防灾减灾体系，构建更加完善的县域气象防灾减灾体系，建成了面向现代农业园区的直通式气象服务体系，制定了直通式气象服务方案和流程，分级开展相关气象服务。

二是创新直通式气象服务体系。制定现代农业园区专题气象服务方案。成立了气象、农业、果业、水务等多部门的农气服务专家联盟，对园区进行专题气象服务，对与气象相关问题有针对性的联合会商诊断分析，联合防御果树花期低温冻害、暴雨洪涝、高温干旱等气象灾害。

三是点对点气象服务方式。积极与政府部门、涉农部门、现代农业园区、农业合作社、农业大户的沟通和联系，收集园区企业所需气象服务信息，建立直通式气象服务用户数据库，建立专门的、点对点的产品提供和信息传送渠道，通过收集短信、网络、电话及大喇叭等多种方式，及时向新型农业经营主体免费提供农业气象监测、农业气象灾害预报预警及农用天气预报等有关信息，对现用农业气象监测站点进行调整和规划。

四是探索政府购买气象服务。耀州区局积极探索“政府购买”气象服务工作模式，通过了解农业气象服务的承载主体（农业技术推广站、园艺站、林业站）基本信息，将承载主体的服务对象（合作社、涉农企业）纳入手机短信库，代表区政府与承接主体签订“直通式”气象服务合作协议，明确服务内容，健全服务产品发送方式、渠道，完善服务流程等，与承接主体合作，开展人员交流学习，联合开展小麦“一喷三防”技术推广等农业、气象相关性工作。

如耀州区局与区园艺工作站签订了《耀州区政府购买苹果气象服务合同》，耀州区政府购买气象工作正式启动。区园艺站通过 QQ 群及时向用户发布气象服务材料，比如《连阴雨天气对苹果的危害及应对措施》等。

五是加强科技支撑。针对设施大棚樱桃生产中的小气候调控及田间管理农用天气等问题，市气象局联合果业局开展试验，进行设施大樱桃栽培技术攻关，在全市四个现代农业示范区安装了 33 套自动化小气候监测仪，进行实时气象监测，针对樱桃生长期气象服务，制订了休眠期需冷量、花期低温

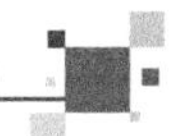

冻害等专题服务方案，在樱桃生长的不同时期，进行精细化直通式服务，建立了多功能信息发布系统，将樱桃种植户及政府相关负责人员纳入短信库，形成“直通式”联系机制，及时通过手机短信系统为大棚种植户、管理员和决策人员发布樱桃休眠期需冷量、低温冻害和生长关键期气象条件预报预警信息60多期，累计6000人次，为大棚提前科学扣棚和室内温湿度调控奠定了良好的基础，加温补光及时，减轻了低温灾害，合理控制棚内温度，避免高温、低温灾害。

六是建立了良好的合作机制。信息交流渠道更加顺畅，樱桃试验及服务过程中，气象、果业攻关组成员多次一起研讨交流，设施樱桃栽培技术攻关的局局合作很成功，开展的各项工作和各类试验研究扎实、有效，总结出的技术科学、可行、操作性强，搭建了优秀的合作和技术联合协作平台，取得了较好的经济效益，设施大樱桃栽培技术在全市示范区进行推广，对全市设施大樱桃健康持续发展起到积极的促进作用。

10.1.2　服务的社会效益

在铜川三套开设《为农气象服务》栏目天气预报，每周五晚（首播19点15；重播21点20）播出，回顾前期的天气，未来天气展望及农事建议，制作现代农业园区专题气象服务产品，包括气候概况、气象要素预报、一周天气预报、农事提醒等，把对园区农业影响较大的日最高气温、日最低气温、日平均相对湿度气象要素预报作为服务产品常规发布内容，逐步实现为农服务的精细化，通过公文交换、手机短信、农民信息、电子显示屏等方式快速直达用户手中。

农村气象信息覆盖率达到95%以上，解决农业气象信息发布的最后一公里问题，形成了农业气象服务体系和农村气象灾害防御体系，为现代农业园区直通式气象信息发布奠定了良好的基础。

通过在现代农业示范园区开展设施大樱桃气象试验研究，研究设施农业小气候变化规律及调控技术，为直通式气象服务提供了科技支撑，建立直通式气象服务用户数据库，建立了专门的、点对点的产品提供和信息传送渠道，成立了气象、农业、果业、水务等多部门的农业气象服务专家联盟，对园区进行专题气象服务，对与气象相关问题有针对性地联合会商诊断分析及风险评估，联合防御果树花期低温冻害、暴雨洪涝、高温干旱等农业气象灾害，拓宽了示范园区气象信息的发布渠道，开设了园区农业气象电视节目专栏，定点、定量、定时向园区传递气象信息。直通式气象服务不仅使农户增加了经济效益，也产生了良好的社会效益。

开展富有特色的精细化特色农业气象专题服务。针对重要农事活动开展的专业气象服务，开展苹果和樱桃精细化预报服务，政府购买气象服务。印发核桃、花椒、苹果、小麦、玉米等气象服务技术手册1万册。

完善信息反馈和效益评估机制。形成了四级气象防灾减灾组织及服务体系，健全了气象信息反馈机制，为气息服务及灾害影响的效益评估奠定了良好的基础。

直通式气象服务，解决了农村农业气象预报预警信息的最后一公里问题，在低温、阴雨（雪）、高温、干旱、暴雨等气象灾害预报预警中，预报准确及时，部门联动快速高效，有效地防御了果树花期冻害等重大农业气象灾害，将损失降到最低，气象服务收到市委市政府领导及相关部门的肯定。

10.1.3 气象灾害预报预警机制

气象灾害监测预警坚持政府主导、统筹规划、部门联动、分级负责、社会参与的原则，做到监测到位、预报准确、预警及时、应对高效。

铜川市气象局与农业局、果业局联合成立了“两个体系”建设领导小组。全市基本形成多个部门参与的气象灾害防御预警机制，市区县有气象灾害应急指挥部和气象局、乡镇有气象工作站、园区和重点村有气象信息服务站、行政村和重点行业有信息员的气象灾害防御组织体系。建立健全覆盖城乡的低温、高温、大风等不利于农林果业等生长的气象灾害监测网。建立了气象、农业、果业专家联动联防会商机制，密切监视灾害性天气的发生，及时沟通监测信息，开展精细化农业服务，增强了农业气象服务的针对性和时效性。

市、区县成立了气象灾害应急指挥部，建立了气象灾害应急、防御指挥体系。市、区县部分乡镇出台了《气象灾害应急预案》，逐步建立“政府主导、部门联动、社会参与”的气象防灾减灾体系。宜君县、耀州区发布了《气象灾害防御规划》，出台了《气象灾害应急准备工作认证管理办法》、《气象灾害应急准备工作认证实施细则》，探索开展乡镇气象灾害应急准备认证。

耀州区、宜君县在乡镇、街道办设立气象工作站，落实法律规定的乡镇气象防灾减灾职能。由单纯信息服务增强为7项职能：落实气象灾害应急指挥部指令；制定完善本级气象灾害应急预案和应急准备认证工作；组织管理乡村气象信息员队伍；接收和传递气象预报预警信息；组织指导农业生产和灾害防御；负责辖区内气象设施保护及环境安全；负责灾情、农情收集上报工作。

在现代农业园区、专业合作社、重点村建立气象信息服务站60个。建立了540多人的气象信息员队伍，行政村覆盖率100%。与水利、国土、广电部门共享资源，共享信息员1400多名。

建立了由市及三个区县级发布系统、180块气象预警显示屏、280个气象预警大喇叭组成的显示屏和大喇叭预警信息发布系统。成立了陕西省气象用户服务中心铜川分中心，开通了400－6000－121气象服务热线电话，建立了12121气象自动答询系统，开通了气象微博、气象网站，从而搭建了与公众互动交流的平台。

建立了多渠道气象预警信息发布“绿色通道“，充分利用短信、广播、电视、广电网络、报纸、政府网站等社会资源传播气象预警信息，扩大覆盖面，提高及时性。

10.2　灾害防御措施

樱桃生长期的气象灾害有多种，如低温冻害、高温热害、大风等，那么系统性地了解并掌握日光温室气象灾害发生规律，才能在灾害天气来临时，做好灾害防御准备及应急措施，合理调控樱桃生长的气候环境，降低灾害风险。

大田栽培樱桃，小气候难以调控。日光温室大棚栽培大樱桃，棚室小气候随着外界天气变化有所不同，一天中不同时间的气温、湿度、光照等也有所不同，如果调控不当，容易出现灾害性小气候，尤其是樱桃开花期和果实生长等关键期，低温、寡照、高温等小气候灾害发生频率高，对温室樱桃生产带来严重影响，且在不同气候背景条件地区差异明显。因此，室内的高、低温度调控尤为重要，冬春季，若管理不当，棚内温度常常会走向两个极端，要么过高，要么过低，尤其是对于处于摸索阶段的果农来说，缺乏经验，更易出现这种棚温“忽高忽低”现象，温度不稳定，在樱桃生长发育的关键阶段极为不利，必须要有一套可行的温度调控技术在生产管理上加以防御。

10.2.1　低温冻害

大樱桃是北方落叶果树中萌芽开花最早的果树之一，花和幼果对低温敏感。低温是樱桃的主要灾害。目前关于霜冻防御对策的研究很多(锡强等，2009；于绍夫，1979；翟广华，2009；张桂琴等，2009)，尤其是山东地区樱桃的低温冻害防御研究较多。

李树军等(2010)从临朐县的地理环境以及当地作物生育期发育时段来分析，临朐县霜冻以3、4月份危害最重。因为当地以林果为主的种植业，在3—4月间绝大多数林果处于萌芽、开花以及坐果阶段，如遇严重的霜冻会造成大批林果减产甚至绝产。而尽管 11 月份发生霜冻比例最高，但因林果将进入休眠期，因而霜冻造成的危害损失相对较小。

基于鲁中山区东北部丘陵地区的霜冻特点，提出了最易于操作的防御方法就是熏烟法，此法适用于平流霜冻及平流辐射霜冻。霜冻发生前在上风头熏烟效果较好。灌水法防御辐射霜冻效果较好，但受地形以及水源条件所限。以上两种方法结合使用，可以起到良好的霜冻防御效果。对于霜冻防御还可以采取涂白法（主要针对果树）、覆盖法、喷施化学药剂及喷施防霜防冻剂等方法，都可以起到一定的防御效果。

甜樱桃是喜温不耐寒的果树，当冬季温度急降至—20 ℃以下时，对樱桃树体、枝条、花芽等产生较重的冻害，96％～98％的花芽受冻害，而降温缓慢时，仅 3％～5％的花芽受冻（张海娥，2005）。冬季若气温降至－25 ℃时，花芽就会遭受严重冻害。花蕾期遇到－3 ℃的低温持续 4 h，花蕾将会 100％受冻。

根据低温危害的时间和表现，可以分为冬季冻害和花期霜冻两种。第一种是冬季冻害，发生较早，多在休眠期的春节前后发生，主要由极端低温引起，造成花芽受害或死树。冻害较轻的，花芽冻伤、冻死；冻害较重的，树冠上部枝条和高级次枝冻伤、冻死；冻害严重的，大枝、主干受冻，以至整株死亡。另外，通过近几年观察，春、秋季气温的忽高忽低，也极易对树体产生冻害。第二种是花期霜冻，是指在樱桃花期，夜间土壤和植株表面的温度下降到 0 ℃以下，造成树体器官受害的短时间低温冻害现象。当空气湿度较大时，可在地面或作物表面形成白霜；在湿度较小时，不形成白霜，但也使作物受冻害，俗称“黑霜”。

樱桃花蕾期和花期遇霜冻，由于雌蕊不耐寒，轻霜即可冻坏雌蕊，而花朵照常开放，稍重时可冻坏雄蕊，严重时花瓣变色脱落；幼果受冻，生长缓慢，最后萎缩、脱落。

防霜冻是一项比较系统性的农业工程，做好花期霜冻防御对于大樱桃增产增收十分重要。一般是从选育抗冻品种、果园立地条件、果园管理水平等因素等方面来考虑。

地势低洼或在平原地势的大樱桃园，容易受到冻害，地势高的地方，受冻害程度很轻，或者基本不受冻害。树体管理较好，树势健壮的抵抗力强，受冻害较轻，衰弱的较重。果园管理差，修剪措施不当，树体密闭，不通风、不透光，肥料施用不当，病虫害防治不及时，水分供应不足或雨水过多造成涝害，引起树体叶片早期落叶，休眠期树体贮藏营养少，枝条、花芽、叶芽营养不足、干瘪，越易受到低温冻害的侵袭。

在田间管理方面，主要是改进农艺措施，提高抗冻能力，目前低温冻害

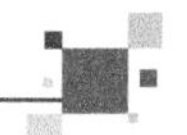

的防御措施有如下：

(1)强调均衡施肥。据山东地区实践经验及研究（秦青宁等，2011），目前果实管理普遍存在N过量而P，K不足、有机质偏少的问题，增加有机肥，多施P，K肥，实施N，P，K平衡合理，有利于樱桃树的生长发育，增强抗冻能力，在霜冻发生之前，喷施1～2次天达2116植物细胞稳态剂或爱吉富，可以减轻花期冻害。

(2)强调合理灌水和早灌防冻水。浇冬前水有利于增加樱桃树附近地段上的空气湿度，这样有利于霜冻发生时虽然气温下降，水汽凝结放出潜热提高空气的温度，便可使霜冻发生时的温度难以继续下降。春季进行灌水或喷灌，可显著降低地温，延迟发芽。发芽后至开花前再灌水1～2次，一般可延迟开花2～3 d。

在春季灌水时要早，冻害前灌水或喷灌，一方面可以提高樱桃树立地的地温和树温，另一方面又可预防冻害或减轻冻害，在喷灌时，喷0.5%的蔗糖水，水遇冷结冰，放出热能，保护树温缓慢下降，防冻效果更好。

低温冻害前1～2 d浇水可增加近地层空气湿度，降温后空气中水汽易饱和凝结形成雾，一方面水汽凝结释放潜热，另一方面雾可大量截获地面长波辐射、增强大气逆辐射，从而减缓气温下降；浇水还可增大土壤热容量和导热率，有利于土壤深层热量上传，使地表层及近地面温度下降缓慢。

但冻害前灌水要注意，在樱桃幼果期切忌大水漫灌，否则一旦出现天气晴好，温度升高，尤其是持续干旱后，大水漫灌易发生樱桃裂果。

(3)熏烟法：低温冻害前1～2 h在上风方点燃麦秸、柴草或无毒生烟的化学药剂等，在作物上空形成烟幕。燃烧放出的热量可直接增温大气；烟幕可增强大气逆辐射。通常，熏烟比不熏烟的近地面层气温高1～2 ℃。

具体做法是：在果园四周和中心摆放大铁桶，桶内放置草堆，铁桶数量要多些，以提高防霜效果。开花期应及时收听天气预报，当花期的夜间气温下降到2 ℃左右时，开始点燃草堆到日出为止。可用玉米秸、豆秸、麦秸及杂草、木渣等草类，草以半干半湿为宜以利发烟，防霜效果好。一般霜冻高峰发生在夜间0～5 ℃时，此时在进行熏烟效果最佳。最好组织果农一起行动，成片熏烟，则效果更佳。

(4)喷施防冻剂：苗木和幼树在休眠期可喷施防冻剂，以保护枝条，减少冻害发生。或在花期前后喷施天达－2116或冻害必施500～600倍液预防冻害，效果良好（马文哲等，2012）。

(5)春季将樱桃苗枝干涂白，晚秋和早春对树干和大枝涂白，能有效减少其对太阳热能的吸收，不但可防止休眠期枝干冻伤，还可延迟花期，可使果树萌芽和开花延迟3～5 d，减轻霜冻发生。树干涂高1 m以上，下部主枝涂 30 cm 以上，成龄树涂抹。涂白不但能防冻，而且还能有效防治日灼、病虫为害。

(6)喷施生长调节剂。萌芽前全树喷施萘乙酸甲盐(浓度 250～500 毫克/千克)溶液，可抑制芽的萌动，推迟，可延迟花期 5 d。

(7)树盘覆草。用玉米秸秆、麦草、树叶和杂草等覆盖树盘，既可保墒提湿，又能阻隔冷空气入侵，对保持和提高地温，防止和减轻低温冻害效果明显。

(8)引进耐寒的品种，如红灯、拉宾斯、先锋等品种，由于花柄短，花朵在冷空气中暴露不充分，容易受到叶片、树枝的保护，并且这些品种的花簇生、密集，抵抗力强。实践证明，黑珍珠、拉宾斯、先锋、红灯、砂蜜豆等品种可避开霜冻或较抗霜冻。

除此之外，还要加强果园管理，减轻灾害。第一，加强土肥水管理，促进树体健壮。注意加强肥水管理，增施有机肥料，重视秋施基肥，浇灌封冻水，增强树体储备营养，提高其抗低温的能力。第二，合理整形修剪，均衡树势，防止树体旺长。甜樱桃喜光、极性生长又强，大量结果之后，随着树龄的增长，结果部位容易外移，外围枝量大。此时除应加强土肥水管理外，在修剪上应采取综合修剪措施，注意减少外围枝量，抑强扶弱，均衡树势，改善冠内光照条件，协调树体营养生长和生殖生长，提高树体、枝、芽营养水平，提高树体抗冻能力。第三，果实采收后，注意防治病虫害，防止早期落叶。

对受冻的大樱桃树，要及时喷施叶面肥，如“爱吉富”，花前 1 次，花后 1 次，能较好修复受损树体，迅速补充营养，提高坐果率减少损失。谢花后到采收前叶面施 3～4 次 800 倍泰宝(腐殖酸类含钛等多种微量元素的叶面肥)，7～10 d 一次，提高坐果率，增大果个。在硬核后的果实迅速膨大期至采收前，结合浇水，撒施碳铵 0.5 kg/株，连施两次，增大果个。

在做好肥水管理外，还应充分利用晚茬花，通过放蜂进行辅助授粉；蜂种主要是角额壁蜂和蜜蜂。每公顷需 3 箱蜜蜂或 3000～5000 头壁蜂，促进坐果。

对霜害严重，坐果少，对长势旺的园片或单株，喷布 1～2 次 200～300 倍 PBO，控制旺长，稳定树势。

果树遭受晚霜冻害后，树体衰弱，抵抗力差，容易发生病虫为害。因此，要注意加强土肥水管理，尽快扶壮树势；同时注意病虫害综合防控，以尽量减少因病虫害造成的产量和经济损失。

铜川地区樱桃花期在 3 月下旬到 4 月上旬，此时倒春寒、阴雨(雪)频繁发生，容易出现低温冻害，也正是樱桃花期或幼果期，耐低温能力弱，如果遇到低温，花器官就会受害，花期授粉不好，花期拉长，坐果率低下，造成减产

甚至绝收。预防霜冻是每年的关键措施，是保证樱桃丰产最重要的一环。要注意收听气象部门的天气预报，在霜冻出现之前，进行人工防霜，可采取熏烟、喷水、灌水、树体涂白和喷施防冻药剂等措施。大棚樱桃要及时利用热风机、锅炉、空调等进行人工加温。

10.2.2 高温

樱桃生长期间，突遇 2～3 d 的高温自然灾害（如热风浪），导致樱桃园内地温与园内气温相对平衡被打破，而达到相对平衡有一定的滞后现象。

在萌芽期，如果地温跟不上，根系生长滞后，地上活动偏快（如新梢旺长、叶片蒸腾过大等），造成地上地下活动相对不平衡，且高温下叶片光合速率也降低，导致维持树体平衡生长的物质供给相对偏少。开花期遇到高温，不平衡程度越重，开花多，坐果少、幼果生长期造成幼果日灼、萎蔫、脱落等的现象越重。

露地大樱桃花期前后如遇极端高温天气，花前往树上喷水，花期在树冠上方 30～50 cm 处设置遮阳网，花后浇水，都能有效降低果园温度。

大棚栽培方式下，棚内气温得到提升，冬春季可以满足作物生长发育的积温需求，但同时，晴天时光照充足，或春季气温回升快的时候，棚内温度升高迅速，频繁出现高温，超过了樱桃生长的适宜温度，难以调控，不利于樱桃关键期生长，如开花期温度过高，容易烧坏花的柱头，不利授粉等。

在大棚生长的樱桃，在棚膜覆盖情况下，1 月晴天下，温度回升迅速，1 月下旬到 2 月初进入萌芽期以后，每天存在两个温度快速升高时段，上午 10～11 时和午后 13～16 时。要动态监测棚内温度变化情况，在高温时段加大通风量和通风时间，夜间适当降温，使昼夜温差保持在适宜的范围内。

持续强光，气温快速升高，蒸腾剧烈，叶水势、气孔导度剧减，造成水分代谢失调，叶面温度过高，抑制了参与光合过程的酶活性，导致叶片羧化效率的降低，使净光合速率锐减。因此，设施大樱桃花期前后，要注意收听天气预报，及时卷膜通风换气，调节棚内温度，避免发生高温危害。

10.2.3 寡照

李海涛等人（2016）对山西省近 50 a 日光温室低温寡照灾害进行了研究，据实地调查发现，当逐日日照时数在 3 h 以上时，日光温室内的温度一般能够达到蔬菜生长发育的要求，若小于 3 h 时，蔬菜生长就会受到影响，且日照时数越少，受到的影响就越大。提出了山西省低温寡照灾害的三级指标，即轻度为连续 3 d 无日照或逐日日照时数小于 3 h 连续 4 d；且 11 月至翌年 2 月的室外最低气温≤－10 ℃。中度为连续 4～7 d 无日照或逐日日照时数小于 3 h 连续 7 d 以上；且 11 月至翌年 2 月的室外最低气温≤−10 ℃。重度为连续 7 d 以上无日照或逐日日照时数小于 3 h 连续 10 d 以上；且 11 月至翌年 2 月的室外最低气温≤−10 ℃。

果树在充足的光照下，可以顺利地完成光合作用，光合作用是绿色植物利用光能，把二氧化碳和水合成有机物，同时放出氧气的过程。

阴雨(雪)天，低温寡照时间长，为了保持大棚内温度，没有通风，叶片的光合作用相对较弱，棚内氧气含量低，植物只能进行无氧呼吸，维持其生命，无氧呼吸最终会使植物受到危害(李风荣，2007)。如果再遇气温突降，棚内温度低，呼吸作用更弱，造成树体营养物质缺乏，不能正常生长或推迟生长进程。

设施大棚内温度升不起来，影响樱桃生长，成熟上市晚，不利于市场销售，经济效益减弱。入冬多雪多风、低温寡照的气候条件，是设施大樱桃生产的主要灾害，应该及时根据天气情况调节大棚保温覆盖物覆盖和通风的时间，控制棚内早晚温度，采取措施增加和延长光照时间，并加强水肥管理等，保证果品质量。

阴雨(雪)天，可短时揭开草苫，使果树见到散射光，可以使棚室内的温度提高 2～3 ℃，降低病害发生率。天气开始转晴时，慢慢揭去覆盖物，以利透进阳光。若连续降雪后天气骤晴时，不可猛然全部揭去覆盖物，应陆续揭除以防“闪苗”(徐凤霞等；2007)。

遇寒流持续时间较长时，应在中午前后揭去覆盖物，让果树见光，揭后要细心观测温度变化，出现温度下降要立即覆盖，温度升高再揭开，下午 2 时后盖严保温。

10.2.4　大风

风对甜樱桃的生长有较大影响。休眠期的大风易加重抽条的发生及花芽的冻害；花期遇大风易造成湿度过低，影响甜樱桃的授粉受精，导致坐果率降低，产量下降；果柄较长的品种，大风常导致果实剧烈摆动，造成大量落果；由于甜樱桃树冠较大，抗风能力较低，如果遇到大风，还易刮断树枝，甚至刮倒树冠，严重影响甜樱桃的生产；甜樱桃叶片大而薄，大风易造成叶片撕裂，干热风还可引起蒸腾过度，使叶片出现萎蔫。因此，在建园时，要搞好规划，设置防护林，以减少风害影响。

参考文献

白亚宁,贾美娟,2009.献策陕西大樱桃[J].西北园艺,(8).

蔡宇良,李珊、陈怡平,等,2005.不同甜樱桃品种果实主要内含物测试与分析[J].西北植物学报,**25**(2):304-310.

陈晓流,陈学森,苏怀瑞,等,2004.15个樱桃品种的PARD分析[J].果树学报,**21**(6):556-559.

崔玲英,刘安麟,周微红,等,1992.陕西省渭北地区气候资源及分区[J].干旱地区农业研究,**10**(1):9-16.

崔兆韵,王新,王炎,等,2007.泰安大樱桃农业气象灾害分析[J].山东林业科技,(3):38-39.

杜厚林,2008.大棚樱桃扣棚后温、湿、气的调控措施[J].烟台果树,(1):47-48.

杜继稳,2008.陕西省干旱监测预警评估与风险管理[M].北京:气象出版社.

杜子璇,刘忠阳,曹淑强,2014.低温冷害对河南省设施农业的影响分析[J].气象与环境科学,**37**(1):5-12.

高佳,王宝刚,冯晓元,等,2011.甜樱桃和酸樱桃品种果实性状的综合评价[J].北方园艺,(17):17-21.

高效梅,崔建云,马守强,2005.潍坊市大棚蔬菜生产气象预报服务系统[J].山东气象,**25**(3):28-29.

葛光军,刘建红,刘兵,等,2008.秸秆生物反应堆在大棚樱桃上的应用[J].西北园艺,(2):40-41.

韩浩章,2004.苏南地区主要落叶果树的需冷量及休眠解除生理机制的研究[D].南京:南京农业大学.

韩礼星,黄贞光,赵改荣,等,2008.我国甜樱桃产业发展现状和展望[J].中国果树,(1):58-60.

侯红亮,侯攻科,师纪刚,2015.大樱桃温室栽培技术研究[J].中国果菜,(8):73-75.

黄晓姣,陈涛,梁勤彪,等,2011.14份中国樱桃种质经济性状的初步评价[J].中国南方果树,**40**(5):15-18.

贾定贤,米文广,杨儒琳,等,1991.苹果品种果实糖、酸含量的分级标准与风味的关系[J].园艺学报,(1):9-15.

贾海慧,张小燕,陈学森,等,2007.甜樱桃和中国樱桃果实性状的比较[J].山东农业大学学报,**38**(2):193-195.

贾化川,崔建云,孙丽娟,2014.鲁中山区大樱桃温室扣棚时间和升温时间分析[J].安徽农业科学,**42**(3):870-871,885.

姜建福,2009.甜樱桃花芽分化及温度对其影响的研究[D].北京:中国农业科学研究院.

黎贞发,钱建平,李明,等,2008.基于 ArcIMS 的农业气象信息发布系统[J].农业工程学报,**24**(2):274-278.

李春,柳芳,黎贞发,等,2009.环渤海地区节能型日光温室生产的气候资源分析[J].中国农业资源与区划,**30**(2):50-53.

李丰国,江桂玉,林洪荣,等,2007.设施甜樱桃棚内环境调控技术要点[J].西北园艺,(10):13.

李凤荣,2007.浅谈温室大棚蔬菜的光合作用[J].河北农业,(4):20.

李海涛,王志伟,赵永强,2016.山西省日光温室低温寡照灾害分析[J].山西农业科学,**44**(2):212-217.

李建,刘映宁,李美荣,2008.陕西果树花期低温冻害特征及防御对策[J].气象科技,**36**(3):319-322.

李俊玲,2005.大樱桃在西安的发展前景与设施栽培技术[J].陕西农业科学,(4):140-141.

李淑珍,赵文东,韩凤珠,等,2005.不同地区设施果树的扣棚及升温时间[J].北方果树,(6):35-36.

李树军,赵春生,孙丽娟,等,2010.鲁中山区东北部丘陵地区霜冻特征分析[J].山东气象,(1):17-19.

李星敏,杨文峰,高蓓,等,2007.气象与农业业务化干旱指标的研究及应用现状[J].西北农林科技大学学报,**35**(7):111-116.

梁浩,2007.落叶果树需冷量研究进展[J].中国南方果树,**36**(2):74-76.

刘法英,李金忠,张久山,等,2011.品种和生态因子对甜樱桃果实品质的影响[J].北方园艺,(03):12-15.

刘法英,李金忠,张久山,等,2011.品种和生态因子对甜樱桃果实品质的影响[J].北方园艺,(3):12-15.

刘坤,赵岩,于克辉,等,2011.温室中不同类型地膜对土壤温度变化的影响[J].北方果树,(1):7-9.

刘权,1983.果树开花期成熟期以及产量品质的预测[J].山东果树,(4):39-47.

刘仁道,刘建军,2009.甜樱桃不同品种需冷量研究[J].北方园艺,(2):84-85.

吕平会,何桂林,季志明,2007.陕西大樱桃产业现状与发展对策[J].西北园艺,(6):5-6.

马文哲,吴春霞,王录科,等,2012.渭北南部台塬区大樱桃优质丰产栽培关键技术[J].陕西农业科学,(5):270-272.

马柱国,符淙斌,2001.中国北方地表湿润状况的年际变化趋势,气象学报,**59**(6):737-746.

毛罕平,2007.设施农业的现状与发展[J].农业装备技术,**33**(5):4-9.

欧阳汝欣,徐继忠,耿欣,2004.不同温度对打破桃芽休眠的影响[J].河北农业大学学报,(3):49-51.

欧阳汝欣,2002.温度对桃树芽休眠及开花坐果的影响[D].保定:河北农业大学.

钱素娟,刘佃珍,徐澄,2013.大樱桃开花结实特性及提高坐果率的技术措施[J].山西果树,(2):17-18.

乔丽,杜继稳,江志红,等,2009.陕西省生态农业干旱区划研究[J].干旱区地理,**32**(1):112-118.

秦青宁,张天英,毕秋兰,等,2011.倒春寒对胶东地区樱桃幼果期坐果的影响及防御措施[J].农技服务,**28**(11):1630-1631.

沈元月,郭家选,祝军,等,1999.早熟桃品种需冷量和需热量的研究初报[J].中国果树,(2):20-21.

史洪琴,邹陈,陈荣华,2010.不同樱桃品种果实性状的比较研究[J].北方园艺,(11):24-27.

孙智辉,2004.冬季强低温天气对日光温室作物的影响[J].气象科技,**32**(2):126-131.

谭钺,2010.设施桃低温需求量与需热量关系机制的初步研究[D].济南:山东农业大学.

王桂春,耿人平,高燕,等,2009.金州区大樱桃减产原因及对策研究[J].现代农业科技,(18):85-87.

王海波,刘凤之,王宝亮,等,2009.落叶果树的需冷量和需热量[J].中国果树,(2):50-53.

王海波,王孝悌,高东升,等,2009.不同需冷量桃树对周年光温变化的生长和生理响应研究[J].西北植物学报,**29**(10):2058-2062.

王建萍,刘耀武,2010.陕西渭北果业发展的气象思考[J].陕西气象,(1):52-54.

王力荣,朱更瑞,方伟超,等,2003.桃品种需冷量评价模式的探讨[J].园艺学报,**30**(4):379-383.

王力荣,朱更瑞,左覃元,1997.中国桃品种需冷量的研究[J].园艺学报,**24**(2):194-196.

王密侠,马成军,蔡焕杰,1998.农业干旱指标研究与进展[J].干旱地区农业研究,**16**(3):119-124.

王明涛,王凤娇,等,2009.近47年山东省滨州市连阴雨气候特征分析[J].安徽农业科学,**37**(30):14758-14759.

王贤萍,段泽敏,戴桂林,等,2011.甜樱桃主要栽培品种多酚含量的测定与品质分析[J].中国农学通报,**27**(13):173-176.

魏瑞江,李春强,2008.河北省日光温室低温寡照灾害风险分析[J].自然灾害学报,**17**(3):56-62.

吴兰坤,黄卫东,战吉成,2002.弱光对大樱桃坐果及果实品质的影响[J].中国农业大学学报,**7**(3):69-74.

锡强,孙衍晓,高峰,等,2009.烟台市大樱桃生产的气象条件利弊分析及对策研究[J].河北农业科学,**13**(11):19-22.

夏永秀,廖明安,邱利娜,2010.甜樱桃裂果与防治研究进展[J].中国果树,(2):55-59.

徐凤霞,王琪珍,2007.低温寡照对温室大棚蔬菜的影响[J].现代农业科技,(21):15-16.

徐庆源,巩延,2002.樱桃落果原因及预防对策[J].山西果树,(1):47.

杨军,孙怡,1998.中国樱桃品种经济性状的综合评判[J].生物数学学报,**13**(3):334-337.

杨胜利,刘洪禄,郝仲勇,等,2009.畦灌条件下樱桃树根系的空间分布特征[J].农业工程学报,**25**(6):34-38.

杨艳超,刘寿东,薛晓萍,2008.莱芜日光温室气温变化规律研究[J].中国农学通报,**24**

(12):519-523.

于绍夫,1979. 烟台大樱桃栽培[M]. 济南:山东科学技术出版社:159-601.

袁静,杨恩海,2012. 2012 年山东临朐大棚大樱桃减产原因与对策[J]. 设施栽培,(11):20-22.

袁祖丽,李华鑫,孙晓楠,等,2008. 不同樱桃品种花和果实性状及其内含物含量的比较研究[J]. 河南农业大学学报,**42**(6):617-620.

原源,周显信,2015. 晋中近 48 a 连阴雨的气候特征分析[J]. 山西农业科学,**43**(3):310-313,323.

翟广华,2009. 大樱桃冬季抽条的原因及防治措施[J]. 北京农业,(1):30.

张道辉,赵红军,高贺春,等,2015. 甜樱桃需冷量的自动监测及在设施栽培中的应用[J]. 山东农业科学,**47**(10):119-124.

张东升,黄宝坤,2007. 大樱桃的大棚栽培管理技术[J]. 河北林业科技,(2):59-60.

张桂琴,李春德,彭成浩,等,2009. 沂源县种植甜樱桃的气候条件分析[J]. 山东气象,(2):39-40.

张海娥,2005. 甜樱桃高产高效栽培的生理生态学研究[J]. 北方园艺,(4):4-6.

张洪胜,王凤娟,2012. 世界大樱桃产业生产与贸易态势分析[J]. 北方园艺,(8):189-190.

张智,梁培等,2010. 宁夏连阴雨气候变化特征分析研究[J]. 灾害学,**25**(1):69-72.

章镇,高志红,盛炳成,等,2002. 葡萄不同品种需冷量研究初报[J]. 中国果树,**3**:15-17.

赵林,杨峰,樊继德,等,2012. 不同甜樱桃品种果实性状差异性比较[J]. 南方农业学报,**43**(2):209-212.

中川昌一,1982. 果树园艺原论[M]. 北京:农业出版社.

庄维兵,章镇,侍婷,2012. 落叶果树需冷量及其估算模型研究进展[J]. 果树学报,**29**(3):447-453.

Alburquerque N,Garcia-Montiel F,Carrillo A,et al,2008. Chilling and heat requirements of sweet cherry cultivars and the relationship between altitude and the probability of satisfying the chill requirements[J]. Environ Exp Bot,**64**(2):162-170.

Allan P,Linsley-Noakes G C,Holcroft D M,et al,1997. Kiwifruit research in a subtropical area[J]. Acta Hortic,**444**:37-42.

Allan P,Rufus G,Linsley-noakes G C,et al,1995. Winter chill models in a mild subtropical area and effects of constant 6 ℃ chilling on peach budbreak[J]. Acta Hortic,**409**:9-17.

Allen R G. ,Luis S P,Dirk R,et al,1998. Crop evapotranspiration-Guidelines for computing crop water requirements-FAO Irrigation and drainage paper 56,FAO,Rome.

Balandier P,Bonhomme M,Rageau R,et al,1993. Leaf bud endodormancy release in peach trees-evaluation of temperature models in temperate and tropical climates[J]. Agric For Meteorol,**67**(1-2):95-113.

Erez A,1987. Chemical control of budbreak[J]. Hort Science,**22**:1240-1243.

Erca A,Fishman S,Linsley-noakes G C,et al,1990. The dynamic model for rest completion in peach buds[J]. Acta Hortic,**276**:165-174.

Fishman S, Erez A, Couvillon G A, 1987a. The temperature dependence of dormancy breaking in plants: Mathematical analysis of a two-step model involving a cooperative transition[J]. J Theor Biol, **124**(4): 473-483.

Fishman S, Erez A, Couvillon G A, 1987b. The temperature-dependence of dormancy breaking in plants-computer-simulation of processes studied under controlled temperatures[J]. J Theor Biol, **126**(3): 309-321.

Gardner R A W, Bertling I, 2005. Effect of winter chilling and paclobutrazol on floral bud production in Eucalyptus nitens[J]. S Afr J Bot, **71**(2): 238-249.

Legave J, Farrera I, Almeras T, et al, 2008. Selecting models of apple flowering time and understanding how global warming has had an impact on this trait[J]. J Hortic Sci Biotechnol, **83**(1): 76-84.

Luedeling E, Zhang M H, Mcgranahan G, et al, 2009. Validation of winter chill models using historic records of walnut phenology[J]. Agric For Meteorol, **149**: 1854-1864.

Naor A, Flaishman M, Stern R, 2003. Temperature effects on dormancy completion of vegetative buds in apple[J]. J Amer Soc Hort Sci, **128**(5): 636-641.

Perez F J, Ormeno N J, Reynaert B, et al, 2008. Use of the dynamic model for the assessment of winter chilling in a temperate and a subtropical climatic zone of Chile[J]. Chil J Agric Res, **68**: 198-206.

Richardson E A, 1974. A model for estimating the completion of rest for Red haven and Elberta peach tree[J]. Hort Science, **9**(4): 331-332.

Ruiz D, Campoy J A, Egea J, 2006. Chilling requirements of apricot varieties[J]. Acta Hortic, **717**: 67-70.

Ruiz D, Campoy J A, Egea J, 2007. Chilling and heat requirements of apricot cultivars for flowering[J]. Environ Exp Bot, **61**: 254-263.

Weinberger J H, 1950. Chilling requirements of peach varieties[J]. Proc Amer Soc Hort Sci, **56**: 122-128.

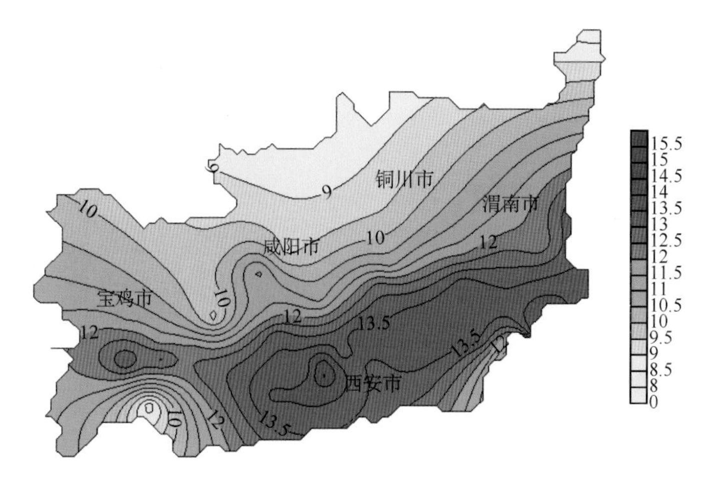

图 1.2　关中地区年平均气温分布(单位:℃)

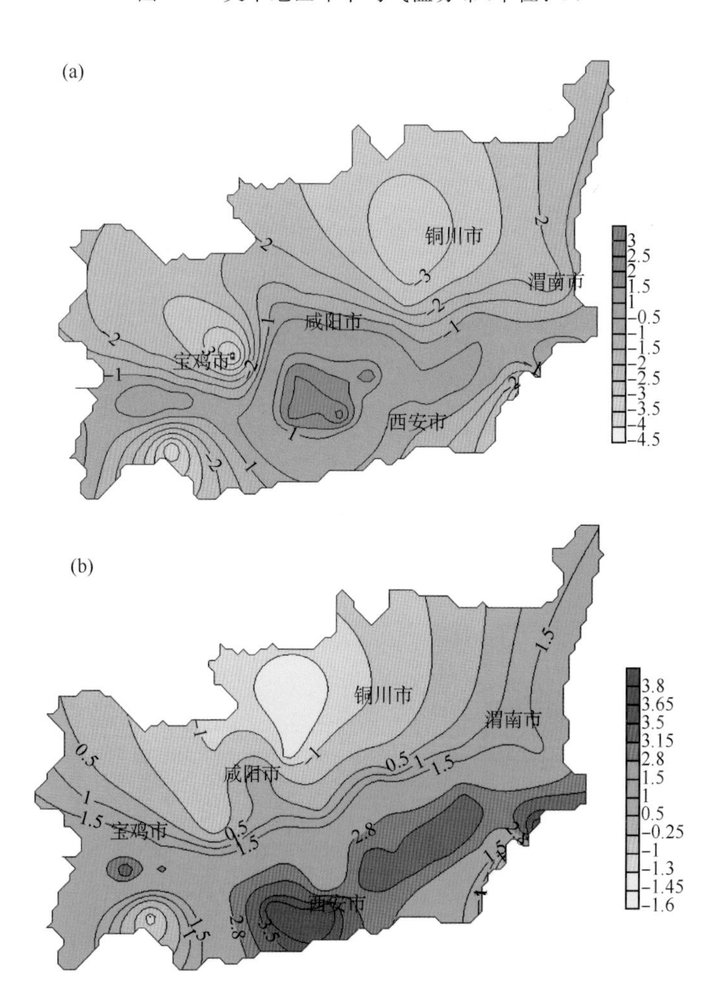

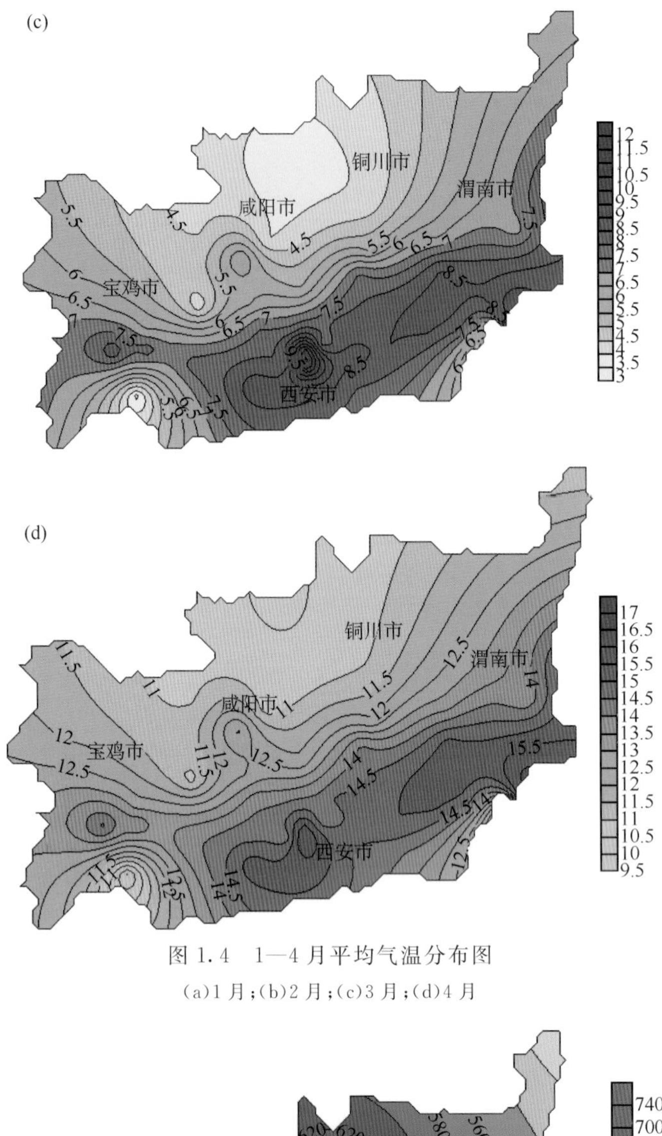

图 1.4　1—4 月平均气温分布图

(a)1 月;(b)2 月;(c)3 月;(d)4 月

图 1.7　关中地区年平均降水量分布(单位:mm)

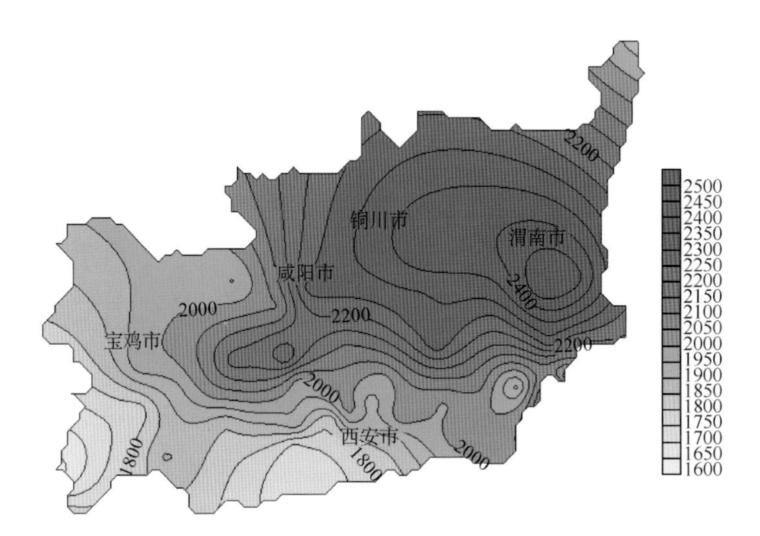

图 1.12　关中地区年日照时数分布(单位:h)

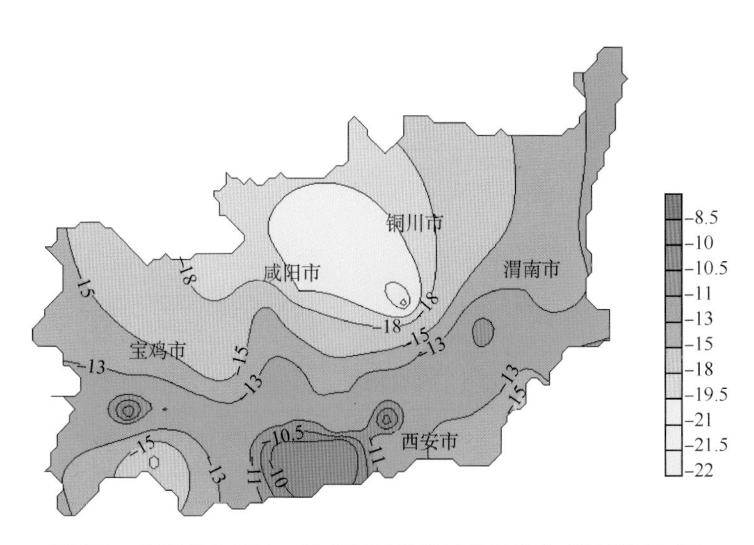

图 2.1　陕西关中平原—渭北塬区冬季最低气温分布图(单位:℃)

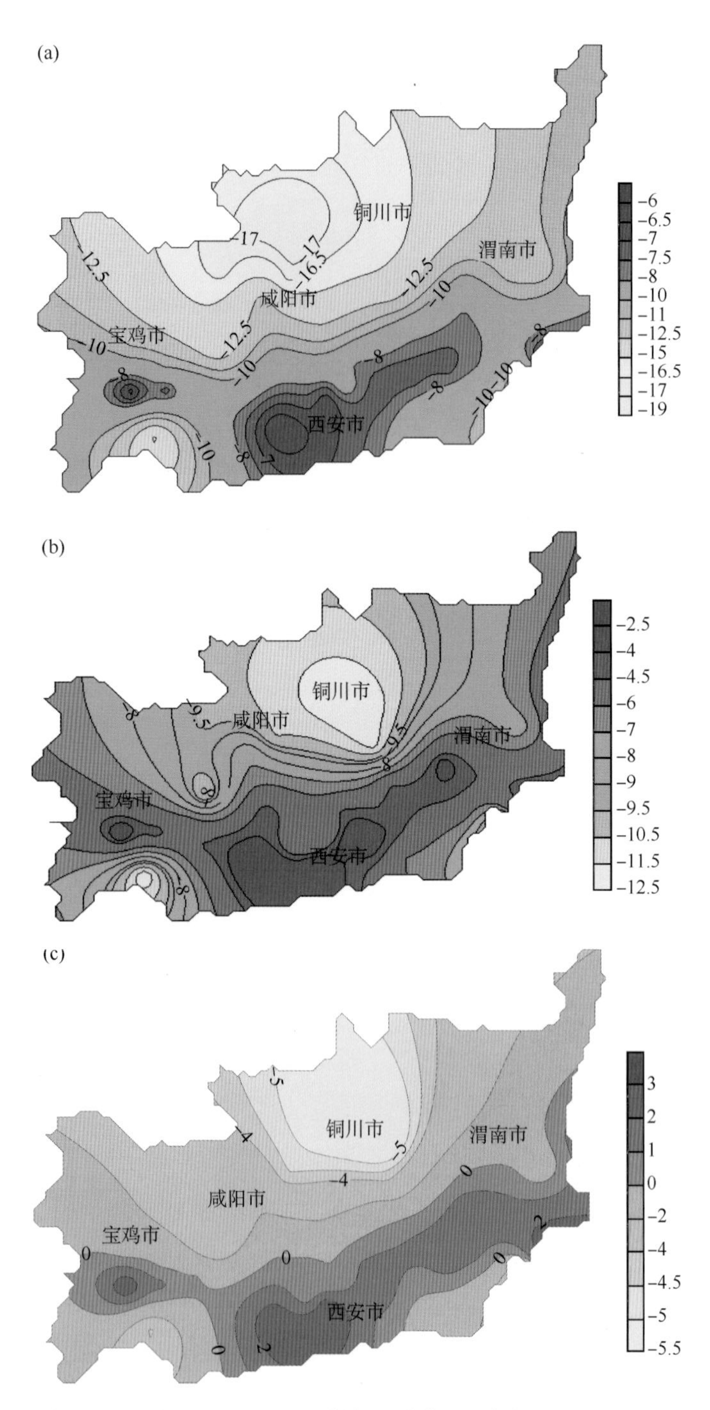

图 4.1　2—4 月最低气温分布图(单位:℃)

(a)2 月;(b)3 月;(c)4 月